未知
文库
U?PE

未知文库 Unknown ? Pocket Edition

宇宙的秘密代码

物理の4大定数　宇宙を支配するc、G、e、h

Kotani Taro

【日】小谷太郎/著
陈琰/译

天津出版传媒集团
天津科技翻译出版有限公司

图书在版编目（CIP）数据

宇宙的秘密代码 / (日) 小谷太郎著；陈琰译.
天津：天津科技翻译出版有限公司, 2025. 9. -- ISBN
978-7-5433-4768-7

Ⅰ. P159-49

中国国家版本馆CIP数据核字第20251M3J60号

著作权合同登记号：图字：02-2025-135号

宇宙的秘密代码
YUZHOU DE MIMI DAIMA

出　　版：天津科技翻译出版有限公司
出 版 人：方艳
地　　址：天津市和平区西康路35号
邮　　编：300051
电　　话：（022）87894896（发行科）（022）87895660（营销部）
网　　址：www.tsttpc.com
印　　刷：河北鹏润印刷有限公司
发　　行：未读（天津）文化传媒有限公司
版本记录：880mm×1230mm 64开本 4.5印张 170千字
2025年9月第1版　2025年9月第1次印刷
定价：39.80元

未知文库 U?PE

关注未读好书

客服咨询

本书若有质量问题，请与本公司图书销售中心联系调换
电话：(010) 52435752

前言

什么是物理常数?

对很多人来说，物理常数可能只是科学课上辛苦背诵的一串数字（而且恐怕考试一结束，它们就会被立刻抛诸脑后）。我偶尔也会遇到一些人说从未听过这个词（就像它从未存在过一样）。还有些人——他们通过声速来计算与夜空中绽放的烟花的距离，或者通过重力加速度来计算过山车的速度——回答道："当然知道啊，在日常生活中我经常会用到它们（然后开始自顾自地讲解起来，即便根本就没人问他如何使用）。"

所谓"物理常数"，其实就是支配从日常生活到宇宙深处各种奥秘，并以数值的形式呈现出来的规律。可以说，它是塑造我们这个世界的基石。所以，物理常数也是人类解读宇宙的关键词之一。人类在思考这些常数的意义，测量其数值的过程中，逐渐理解了宇宙是如何形成的。

例如，光速c是一个表示每秒能绕地球跑7圈半的极快速度的物理常数。这个常数有一个显著特点，就是任何物体或机器都无法超越它。“光速是宇宙的极限速度”，这一点可以通过“狭义相对论”推导得出。

引力常数G，这是一个非常微弱的物理常数，若没有像地球这样巨大的质量，就很难觉察到重力的影响。不过，宇宙中飘浮着许多比地球质量更为巨大的物体，它们的重力不仅能缩短时间、拉伸空间，甚至还能使光线扭曲。

电子电荷量e，这个常数表示的是引起电磁现象的微观粒子之一——电子的基本特性。提到电磁现象，从自然界的电击、打雷到日常生活中各种用电场景，如煮饭或驱动扫地机器人，都与电子（及质子等带电粒子）的行为密切相关。另外，电子还是人类发现的第一个基本粒子，为我们了解其他基本粒子提供了重要线索。

普朗克常数h，这是一个充满神秘色彩的物理常数。人类第一次接触它时，曾因无法理解它的意义而深深苦恼。不过，也正是在这个过程中，量子力学诞生了。量子力学不仅揭示了原子、电子等微观物体的行为，还推动了激光、核能、电子技术等支撑现代社会的科学技术的发展。更重要的是，它或许还可以解释宇宙的起源。在那一天到来之前，人类还会持续探索普朗克常数的真正含义。

要理解这四个物理常数，需要涉及从相对性理论到基本粒子物理学等人类迄今为止所获得的关于宇宙的全部知识。换句话说，本书旨在通过阐释这四大常数，向读者传递所有与宇宙相关的知识。

物理常数的存在，完全不受人类是否试图去理解它的影响。所以，即便丝毫不提及人类，也能够阐述物理常数。然而，若要解开宇宙的奥秘，了解这些常数背后人类探索的故事却是关键。

在书中，我会不时地提及一些人物逸事，如在动荡时代崭露头角且推动了时代发展的天才爱因斯坦不为人知的一面、以风筝实验而闻名的智者富兰克林令人遗憾的“失误”，以及被称为“疯子科学家”的卡文迪什的那些可爱、古怪的行为。

接下来，就让我们以物理常数为线索，讲述宇宙是如何形成的，以及人类又是怎样一步一步发现这些奥秘的。本书力求用通俗易懂的语言进行解释，即使你此前没有物理常数方面的知识，也能轻松阅读。而对于热爱物理的读者，相信你也能从这本书中收获全新的感悟。

目录

01

★

通过光速c理解狭义相对论

在宇宙中任何地方测量都始终不变的量

我将用整本书的内容来阐释什么是物理常数。首先，我们需要了解的是物理常数的一个基本特性，即无论身处宇宙何地，也无论由谁测量，它们的数值始终保持不变。这类量就被称为“物理常数”。

先说光速，即光的传播速度，通常用符号“c”表示。在本书介绍的四大物理常数中，光速是人类最早着手认识的。很早以前，人类就尝试对它进行测量，但由于光的传播速度实在太快了，这一目标不太容易实现。

由于最初的测量方法比较简单，所以误差很大。随着测量技术的不断改进，测量精度逐步提高。与此同时，人们还发现了光速的一个奇特性质，即无论测量装置处于静止状态，还是处于运动状态，所测得的光速始终保持不变。

这是怎么回事呢？当时的科学家们对此感到极为困惑。事实上，这正是“光速不变”这一宇宙基本原理的体现。基于此原理，爱因斯坦提出狭义相对论，彻底颠覆了人类对时间和空间的传统认知，开创了一个全新的物理学理论体系。

光速作为物理常数之一，意味着无论身处宇宙何地，也无论由谁测量，它的数值永远都不会改变。但是，人类目前只乘坐宇宙飞船抵达过月球，探测器的活动范围也仅限于“太阳系”这个宇宙的小角落。面对广袤且充满未知的宇宙，我们凭什么能断言光速在任何地方都保持恒定不变呢？

事实上，我们可以借助望远镜来观测来自宇宙深处的光，以此验证光速在各个位置是否相同。假设宇宙中某个区域的光速与其他地方不同，会出现什么情况呢？那个区域会产生各种奇妙的现象，其中最直观的就是光线会发生弯曲或折射。

从理论上来说，如果宇宙中存在光速差异的区域，那么我们看到的天体就如同透过装满水的玻璃杯看物体一样，呈现出变形、扭曲的模样。基于此，我们借助望远镜观测天体影像，通过判断是否存在这类奇异的天体，来推断宇宙中是否存在光速不同的区域。

需要特别说明的一点是：在现实宇宙中，天体影像出现扭曲变形，主要是由引力效应导致的光线弯曲引起的，这与因光速差异导致的扭曲有着本质区别。但这里我们重点探讨的是“光速在宇宙中是否为普遍不变的物理常数”这一核心问题。

通过对天文现象的长期观测与研究，我们能够得出这样的结论：在宇宙的各个角落，哪怕是距离地球几万光年，甚至几亿光年之外的遥远星域，光速都始终保持恒定不变。尽管人类在探索宇宙的历程中，至今尚未与外星文明有过相遇，但基于宇宙的浩瀚无垠，在广袤宇宙的某一处，极有可能存在着外星文明。可以合理推测，他们或许同样通过对天体现象的观测与研究，也得出了“无论身处宇宙何处，光速始终不变”的结论。这意味着光速具有普适性——无论由何人在何时何地进行测量，其数值都是相同的。

如果有一天人类真的能够与外星文明进行交流，那么构建一种共通的语言将成为首要任务。在建立沟通的过程中，双方大概率会从指认彼此都熟悉的事物入手，相互教授这些事物的表达方式。在宇宙的语境下，光速这一无论在何处、由谁测量结果都相同的物理常数，无疑会成为这种共通语言的关键词汇。同样，本书所探讨的其他基本物理常数，如引力常数、电子电荷的大小等，也都将成为星际交流不可或缺的基础术语。

四大常数是“伟大”的物理常数

在前面的讨论中，我们探讨了物理常数在宇宙各处保持不变的特性。然而，在现实中，“物理常数”这一术语的定义并非绝对严格。有些量即使会随时间或地点改变，有时也被称作“物理常数”。

以重力加速度为例，当我们松开手中的鸡蛋时，它会在重力作用下加速下落，并最终砸向地面。鸡蛋刚离手时，它的下落速度为0，接触地面时速度可能达到约3米/秒，这个速度不断增加的过程就是重力加速度作用的结果，它有时也被视为物理常数。

但实际上，重力加速度的数值会因地点而异。例如，在北极，鸡蛋下落的加速度比赤道稍快；若在火星或月球做同样实验，鸡蛋下落的重力加速度也会不同——月球上的重力加速度约为地球的六分之一，而火星上的重力加速度约为地球的三分之一。由此可见，重力加速度并非宇宙中普遍不变的量。

为了清晰区分这些不同类型的物理常数，我们将在宇宙任何地方都始终保持恒定的物理常数定义为“基本物理常数”，而像重力加速度这种会因地点不同而变化的物理常数则归为另一类。基本物理常数是宇宙中真正基础且重要的存在，可以说是“伟大”的物理常数。

从现在开始，除非特别说明，本书提及的物理常数均指基本物理常数。

光速c“贴心地”接近30万千米/秒

光速c的准确值为299 792 458米/秒，这意味着光在1秒钟内能传播299 792 458米。有趣的是，这个数值非常接近30万千米/秒。在实际计算中，如果将光速近似为30万千米/秒，产生的误差仅为0.07%，基本可以忽略不计。

在日常生活中，虽然涉及光速的计算并不常见（真的不常见吗？），但这个数值足够规整，极大地方便了心算和近似计算，就像是宇宙给予人类的一份“贴心礼物”[类似的情况还有地球的重力加速度（约为10米/二次方秒）、地球的大气压（约为10万帕）、地球的轨道半长轴（约为1.5亿千米），等等。关于轨道半长轴的详细内容，我将在后续章节中展开讨论]。

光速快到在日常生活中难以直观察觉。由于速度极快，人们往往觉得光从光源到目标是瞬间抵达的，不存在时间延迟。在谈论光时，声音常被用来与之对比，两者虽都属于波，都具有波长，但声音在空气中的传播速度（声速）仅约340米/秒，远慢于光速。

正因如此，日常生活中声音传播延迟十分明显，如夜空中的烟花爆炸时，我们总是先看到光亮，几秒后才听到爆炸声。同样，站在几十米外观看击鼓表演，也是先看到鼓槌敲击鼓面的动作，之后才听到鼓声。通过这些现象，人们不仅能意识到声音传播存在延迟，还能利用这种延迟来测量声速。

人类的运动神经难以精确测量光速

光的到达时间无法采用类似测量声音延迟的方法来测定。历史上，“近代科学之父”伽利略·伽利莱在他的著作《两种新科学的对话》（1638年）中，记录了一次失败的光速测量实验：

1. 实验在夜间进行，2名实验者相距几千米，各自携带可自由开关的灯笼。

2. 首先，一人打开灯笼，让光线射出。

3. 另一人看到对面的光后，立刻打开自己的灯笼。

4. 第一名实验者计算从自己点亮灯笼到看到对方灯笼亮起所经历的时间，以此尝试测量光速。

然而，即使两人相距3千米，以光速约30万千米/秒的速度计算，光往返一次仅需0.000 02秒。在如此短暂的时间内，即使是世界上速度最快的短跑运动员也只能移动0.2毫米，实验者的手指推动灯笼开关的距离同样微乎其微。因此，这次实验的失败也就在情理之中了。

光在1秒钟内能够传播约30万千米，这一距离相当于绕地球7圈半（图1-1）。地球子午线（从北极经赤道到南极）约为40 000千米，这个规整的数值并非巧合，也不是地球的“贴心安排”，而是人们在制定米制（公制）时，将“1米定义为地球子午线四分之一长度的一千万分之一”。按照这个定义，地球沿子午线环绕一周的长度恰好是40 000千米，所以光绕地球7圈半正好就是30万千米。

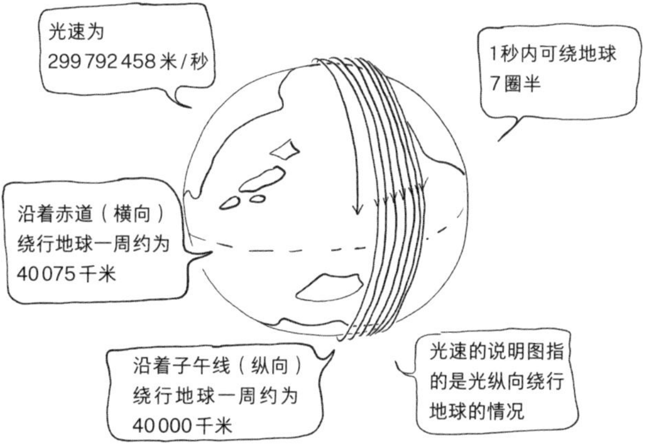

图1-1 光在1秒钟内可绕地球7圈半。

光速c可以将时间转换为空间

光以每秒绕地球7圈半的速度传播，从地球到达月球需要1.28秒。而在宇宙中，月球是距离地球最近的天体。那么，从地球发出的光，到达其他天体又需要多长时间呢?

我们先来看看太阳的情况。地球与太阳之间的距离（轨道半长轴）约为1.5亿千米。这种接近整数的情况，正如前面所说的那样，我们可以将其视作宇宙偶然的“贴心安排”。光从太阳传播到地球需要499秒，接近“500秒”。也就是说，我们此刻看到的阳光，实际上是500秒前从太阳出发的。换句话说，我们看到的是500秒前的太阳。

如果发生某种宇宙灾难，太阳突然消失，在500秒内我们都不会察觉。因为在这500秒内，太阳对地球的引力仍旧不变，地球仍会沿着原来的轨道绕太阳运转。但500秒后，地球会瞬间陷入黑暗，并开始在宇宙空间中近乎做匀速直线运动。由于太阳与地球的距离是光行进500秒的距离，我们将其称为“500光秒”。

表达距离时，光速的应用思路与房地产行业类似

火星是距离太阳第四近的行星，其轨道半长轴约为2.279 4亿千米（图1-2）。如此庞大的数字很难让人产生直观认知，不过，将其换算成光秒就容易理解多了——火星的轨道半长轴为760光秒。这意味着如果太阳突然消失，地球上的人类察觉到异常260秒后，火星上的“居民”才会意识到这一变化。

围绕太阳运转的所有天体统称为“太阳系天体”。在太阳系中，除了地球、火星等八大行星外，还有无数的小行星和彗星等小型天体。其中一些比火星和海王星还要遥远，在太阳系的边缘“游荡”。

截至2022年，已知轨道半长轴最大的天体是2015 TG387。这个体积不大的岩石天体沿着椭圆轨道绕太阳运行，最远可达1 780亿千米之外，相当于光行进约7天的路程。如果2015 TG387上的居民（假设存在）进入远离太阳的季节，即使太阳突然消失，他们也需要大约一周时间才会察觉到异常。也就是说，

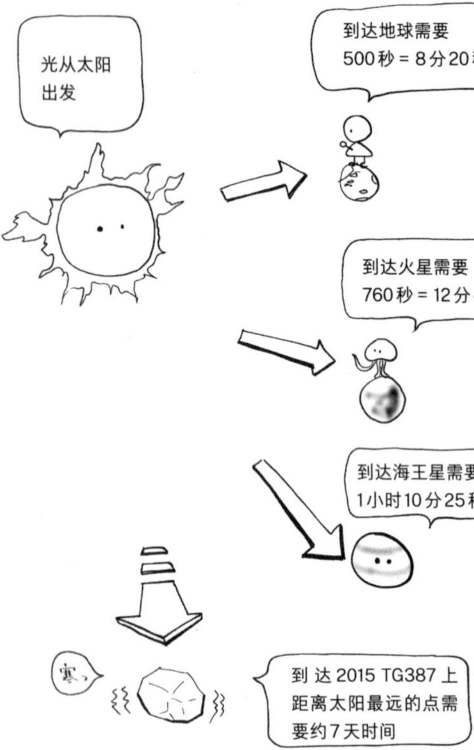

图1-2 太阳系内天体的轨道半长轴。

2015 TG387距离太阳7光日。由此可见，太阳系的广袤超乎想象，其距离可以用光行进的时间来表示。

用时间来表示距离，是光速的一个重要应用，这种思路与房地产行业用“从车站步行5分钟”来描述建筑物的位置如出一辙。只不过，房地产行业采用的是人的步行速度（约80米/分），而不是光速。

距离最近的星系团约5 900万光年

即使用光秒或光日来度量太阳系的广阔，它仍然只是宇宙的一隅。那么，在太阳系之外的无垠宇宙中，还存在着哪些天体呢?

在夜空中闪烁的星辰中，恒星是不可或缺的重要成员。其中，距离太阳系最近的是“比邻星”。这颗昏暗的小型恒星属于“红矮星”，肉眼无法直接观测到。尽管它体积小、光度低，仍然拥有自己的行星系统。尽管称之为“最近”，可其距离仍达4.22光年（从地球测量和从太阳测量，几乎没有区别）。这意味着光从这里出发，需要4年2个月20天才能抵达。

在这里，“光年”这个单位首次出现在我们的视野中。光年指的是光在一年里所行进的距离，计算方式为光速乘以365.25天，即光速乘以31 557 600秒。由于恒星间的距离太过遥远，我们不得不使用如此庞大的单位来描述。

继续我们的宇宙之旅。我们的太阳和比邻星，都属于一个庞大的恒星集合——银河系。银河系的直径约为10万光年，里面约聚集着1 000亿颗恒星。太阳系位于距离银河系中心约2.56万光年的“郊区”。当我们朝着银河系中心望去，会看到密集的星光交相辉映，那便是“银河”。

要知道2.56万年恰好是智人从狩猎-采集社会，历经农业革命和工业革命，发展到现代文明所耗费的时间。10万年前，智人还在使用最原始的石器。而那些在10万年前从银河系边缘出发的光，直到现在才抵达地球，为我们带来了超新星、原恒星、黑洞及遥远行星的相关信息。

银河系并非宇宙中的唯一星系。宇宙中还有无数其他星系。在夜空中，“仙女座星系”最为耀眼，它位于仙女座方向，距离地球约230万光年。回溯到230万年前，我们的祖先才刚刚学会使用石器和木棍。

当100个以上的星系聚集在一起时，就形成了“星团”。宇宙中到处都飘浮着这样的星团。其中，距离较近的“室女座星团”离我们约5 900万光年。5 900万年前，恐龙刚刚灭绝，哺乳动物迎来了繁盛时期。这些星系团飘浮在广袤的宇宙空间中，宇宙的范围甚至延伸到数百亿光年之外。至此，即使使用“光年”这一单位，也难以描述宇宙的辽阔。

据计算，我们所处宇宙的可观测范围约为466亿光年。因此，本书用光速表达距离与时间的关系时，暂时将范围限定在466亿光年。

如何测量极快的光速

17世纪，伽利略曾尝试测量光速，可是由于光速实在太快，远远超过了人类的运动速度，实验最终宣告失败。但“如何测量光速”这一难题极大地激发了研究者们的探索热情，他们纷纷投身其中，不断尝试各种方法，开创了众多测量方法。直至今日，测量光速依然是物理学领域一个充满活力的研究方向。在原子钟、激光干涉仪和光学频率梳技术尚未出现的时代，研究者们只能依靠对自然现象的细致观察和敏锐的洞察力来探索光速的奥秘。

丹麦天文学家奥勒·罗默在观测木星的卫星时，发现了一个奇特的现象：木星的卫星围绕木星旋转，有时会被木星遮挡，这种现象被称为“蚀”（或“食”），其发生时间可以通过计算准确预测。然而，罗默经过精确观测发现，当木星靠近地球时，掩蚀现象发生的时间比预期提前了几分钟，而当木星远离地球时，这一现象则会延迟几分钟。罗默经过思考，正确地推断出这是因为木星掩蔽瞬间的光景以光速传播到地球需要一定的时间。

基于这一发现，罗默通过对比时间差及木星到地球的距离，成功测量出了光速，成为历史上第一个完成这一壮举的人。他测得的光速为22万千米/秒，虽然与实际值相比存在27%的误差，但考虑到这是首次测量，这样的成果已经相当了不起。这一事件发生在1676年，距离伽利略那次失败的尝试大约过去了40年。

需要特别指出的一点是，罗默在测量光速的过程中使用了望远镜。在当时，这一先进观测技术的运用，使得以前无法测量的光速变得可测，让人们得以踏入此前无法触及的物理领域。这充分表明，观测技术与人类对宇宙的理解是相互促进、共同发展的。

利用光行差与天顶仪望远镜进行更为精密的观测

同一时期，英国天文学家詹姆斯·布拉德雷借助望远镜，通过观测另一种天体现象成功测量了光速。

我们都知道，地球以大约30千米/秒的速度绕太阳公转。半年后，它会以同样的速度朝相反方向运动（这里暂且不考虑太阳本身约以200千米/秒的速度绕银河系中心高速旋转这一效应）。如图1-3所示，当我们处于运动状态观察远方的恒星时，会发现恒星的位置出现偏移。这就好比在行驶的汽车或火车中看

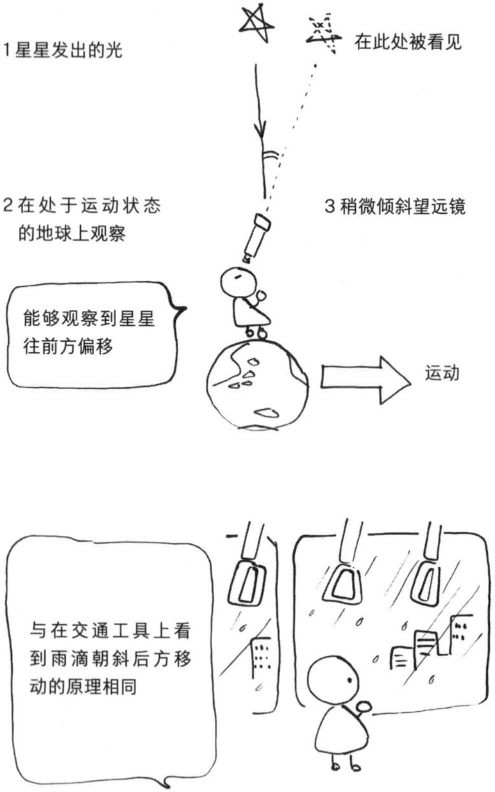
1 星星发出的光
在此处被看见
2 在处于运动状态
的地球上观察
3 稍微倾斜望远镜
能够观察到星星
往前方偏移
运动
与在交通工具上看
到雨滴朝斜后方移
动的原理相同

图 1-3 光行差。

从天空掉落的雨滴，它们看起来像是朝向斜后方移动。同样，来自恒星的光线在地球的运动方向上，看上去也像是朝向斜后方移动的，这种现象被称为“光行差”。

由于地球的运动引起的光行差极为微小，恒星的位置偏移不到1°的1%。布拉德雷使用了当时最先进的装置“天顶仪望远镜”进行精密观测，该望远镜的焦距，即透镜和目镜之间的距离长达65米。1729年，他利用光行差成功测量了光速，误差在2%以内（准确来说，他求出了光速与地球公转速度的比值）。顺便提一下，在那之后，使用凹面镜代替透镜的反射式望远镜得到了发展，天顶仪望远镜逐渐被淘汰。

伽利略再一次挑战测量光速

进入19世纪，机械技术取得进步，此前伽利略尝试但失败的光速测量实验，如今有了能够实现的机械装置。法国科学家阿曼德·斐索设计的光速测量装置由相距8千米的齿轮和镜子组成。如图1-4所示，光线从光源发出，穿过齿轮的齿缝，飞行8千米后被镜子反射，再飞行8千米返回，最终再次通过齿缝。与伽利略实验中光的反射依靠手动点亮灯不同，斐索使用了镜子的方法，更为先进。当齿轮高速旋转时，光在往返过程中，齿轮的一个齿会移动一段距离，从

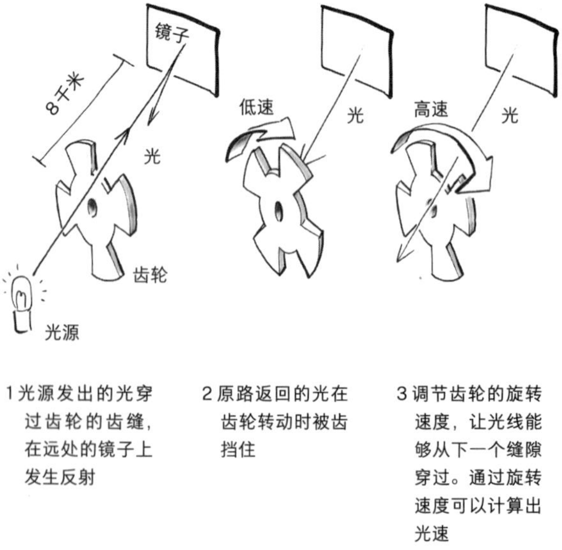

镜子
8千米
光
齿轮
光源
低速
光
高速
光
1 光源发出的光穿过齿轮的齿缝，在远处的镜子上发生反射
2 原路返回的光在齿轮转动时被齿挡住
3 调节齿轮的旋转速度，让光线能够从下一个缝隙穿过。通过旋转速度可以计算出光速

图1-4 斐索的光速测量装置。

而使光线能够通过下一个齿缝。这样就可以根据此时的旋转速度计算出光速。

1849 年，斐索通过这种方法成功测得光速为 31.5 万千米/秒，与现代测量值仅相差 5%。至此，利用地面实验装置测量光速成为现实。此后，人们设计出了基于各种原理的测量装置，测量精度逐渐提升，得以精确测定光速。随着研究的深入，人们进一步发现，光速具有奇特的性质。这一发现改变了之前的物理学框架。

科学史上最著名的“失败”实验之一

地球在宇宙中高速运动，光行差现象证实了这一点。那么，地球的这种运动对光速的测定会产生怎样的影响呢？当时人们认为，如果地球在追赶光，虽然无法追上，但观测到的光速应该会比地球的速度慢一些。反之，如果光与地球相向而行，光的速度应该会加快。这听上去是不是像在啰啰唆唆地说一些显而易见的事情。19 世纪，人们基于此展开测量光速变化的实验，试图借此了解地球的运动速度。

1887年，在美国克利夫兰市的地下实验室里，物理学家阿尔伯特·迈克尔逊和爱德华·莫雷用镜子和玻璃组装了一个精密的实验装置——“迈克尔逊干涉仪”，利用“干涉”现象测量两个方向（如东西方向和南北方向）之间的光速差。如果两个方向的光速存在差异，那么各自光线往返所需的振动次数就会不同，进而在干涉图样中产生变化。

为了确保实验的准确性，克利夫兰市的公共交通都停运了。在做好周全准备后，迈克尔逊和莫雷却发现两个方向上的光速没有差异。这个装置非常敏感，理论上如果地球以大约10千米/秒的速度运动，它应该能检测出来。考虑到可能实验当天地球相对于宇宙是静止的，他们在半年后重新进行了一次实验。然而，结果还是一样的。

迈克尔逊和莫雷没能检测到光速的变化。无论实验装置朝哪个方向、以多快的速度运动，所测量的光速值都没有变化。这一结果让迈克尔逊、莫雷及世界各地的研究人员困惑不已。这项实验堪称科学史上最著名的“失败”实验之一，但这次“失败”揭示了宇宙中的一个真理，即光速恒定不变。从那时起，人们一直坚信的物理学常识不得不进行根本性的修正。

值得一提的是，正是因为这次“失败”的实验，迈克尔逊在1907年荣获诺贝尔物理学奖。把失败作为获奖理由，或许评选委员会也曾有所犹豫，因为获奖理由写的是“因发明精密干涉仪的设计及使用该仪器进行的光学研究和对标准尺研究的贡献”。

为什么即使测量装置移动，光速也不变

对于测量装置（也就是承载着装置的地球）处于运动状态，而光速却保持不变这一不可思议的现象，人们提出了一些非常有趣的理论。爱尔兰裔物理学家乔治·斐兹杰惹和荷兰理论物理学家亨德里克·洛伦兹提出，运动物体的长度会收缩，这一观点在一定程度上能够解释迈克尔逊和莫雷的实验结果。

洛伦兹等人认为，宇宙并非真空，而是充满了一种被称为“以太”的介质，光如同声音借助空气传播一样，是通过“以太”来传播的。其实，“以太”这

一概念并非洛伦兹等人首创，而是一个由来已久的理论。然而，随着人们对光性质研究的不断深入，以太的特性越发显得古怪，令人难以理解。

既然来自宇宙中月球、太阳和遥远星系的光都能抵达地球，那么可以推断宇宙空间中必然充满了大量的以太。这种以太如此稀薄和柔软，以至于生活在其中的我们根本感知不到它的存在，但为了能让光以30万千米/秒的惊人速度传播，它又必须具备比钻石还坚硬的特性。

按照洛伦兹等人的设想，在以太中穿梭的物体会受到以太的压力作用，从而在前进方向上发生压缩（这又为以太的奇怪特性增添了一笔）。地球、太阳、迈克尔逊和莫雷的实验装置，甚至迈克尔逊和莫雷本人，都会在不知不觉中微微收缩。如果地球以10千米/秒的速度在以太中运动，其收缩程度大约是原长度的十亿分之一。这种微小的差异在日常生活中很难被察觉，但对像迈克尔逊和莫雷那样精密的实验而言则影响巨大。

这种运动物体在前进方向上收缩的效应被称为

“斐兹杰惹-洛伦兹收缩”，不过人们通常会将其简称为“洛伦兹收缩”。大概是因为“斐兹杰惹”这个名字发音相对拗口。由此看来，想要在科学史上留名，名字简单些似乎更有优势。

爱因斯坦出现，以太消失

从现代的科学认知角度来看，斐兹杰惹-洛伦兹收缩确实是实际存在的效应，运动的物体在前进方向上的确会发生收缩。然而，仅仅依靠此效应，并不足以毫无破绽地解释“光速不受测量装置运动影响”这一实验结果。要想彻底解释清楚，还需要进一步的思维飞跃，对时间和空间的概念进行更为大胆、激进的修正。而完成这一飞跃的正是阿尔伯特·爱因斯坦。这不仅让他成为“量子力学”的奠基人之一，还彻底革新了整个物理学领域。

在斐兹杰惹、洛伦兹及其他研究者提出斐兹杰惹-洛伦兹收缩理论，距离相对性理论仅有一步之遥时，在德国，年少的爱因斯坦开始思考这样一个问题：在以接近光速行驶的火车里照镜子，会看到怎样一番景象呢？

当时，周围的大人似乎都无法理解这个奇怪的问题。一般的孩子即使偶尔想到类似问题，往往也会很快抛诸脑后。但正因为爱因斯坦与众不同，他始终执着地思考着这个问题，即使成年后也未曾停止。终于在1905年，他找到了答案。这个答案既神秘又奇特，不仅能解释迈克尔逊和莫雷的实验结果、斐兹杰惹-洛伦兹收缩现象，还能阐释各种宇宙物理现象，它就是著名的狭义相对论。

爱因斯坦的狭义相对论在解释相关实验结果时，无须借助“以太”这个概念。因此，“以太”逐渐失去了存在的必要，慢慢从教科书中隐退。在本书中，我们也不会再提及它，就像是和一位短暂相伴的朋友告别一样，和以太说声再见。

明星科学家爱因斯坦

自然与自然的定律，都隐藏在黑暗之中。

上帝说“让牛顿来吧！”于是，一切变为光明。

——亚历山大·蒲柏

然而，这样的明晰并未持续太久。恶魔在尖叫。

“爱因斯坦出现了。”于是，一切又陷入了混沌。

——J.C.斯夸尔

前者是诗人亚历山大·蒲柏为艾萨克·牛顿所写的墓志铭，短短两行诗饱含着人们对牛顿伟大成就的赞美与崇高敬意。后者是一首以调侃口吻创作的仿诗，晚于前者200年，作者是英国诗人、作家和历史学家J.C.斯夸尔，表达了人们对“因爱因斯坦提出的物理学理论，使宇宙变得奇异又令人困惑”这一状况的感叹。

现在，本书中极为重要的人物——爱因斯坦终于登场了。在后续的内容中，他还将多次登场，甚至可以说他是本书的主人公（之一）。在解读爱因斯坦的相对论及其他理论之前，我们先简单介绍一下他的生平。不过，这位大人物的性格复杂且充满矛盾（或许每个人的性格都是如此），寥寥几句根本无法说清楚。而且，随着传记作家和科学史学者对他的研究不断深入，关于其生平介绍也越发多样。“爱因斯坦的真实样子是这样的”“不，他还有这样的一面”之类的争论从未停止。

大学入学考试分数不够，也没能获得研究职位

1879 年，爱因斯坦出生在德国的一个犹太家庭。正如前面所说的那样，小时候，他就常常思考一些奇怪的问题，如若列车以光速行驶会发生什么。或许正因如此，除了数学，他其他科目的成绩都不太好。后来，他报考瑞士苏黎世联邦理工学院，虽未能达到合格分数线，但凭借优异的数学和物理成绩，获得校长的特许得以入学。

爱因斯坦的一生中有多位重要女性。他的第一任妻子米列娃·玛丽克，是他在大学时期结识的。两人相识不久，米列娃就怀孕了。1902 年，米列娃离开瑞士，悄悄生下女儿丽泽尔。遗憾的是，丽泽尔出生后

的情况并不明确，有推测称她可能被送养或夭折了，史学家也未能通过后续调查确定具体情形。

爱因斯坦毕业后，没能获得研究职位，便在瑞士专利局谋得一份工作。工作之余，他全身心投入理论物理学研究。1903年，他与米列娃结婚，婚后育有两个儿子，分别是汉斯和爱德华。大众对这两个孩子的生平较为熟悉（不过，次子爱德华与爱因斯坦的关系似乎一直都不太融洽）。

1905年是科学史上的“奇迹之年”

1905年，爱因斯坦发表了5篇论文，其中2篇提出了全新的物理学理论——相对论。另外，他在一篇论文中提出的思想，后来发展成了“量子力学”，在物理学界引发了一场革命。

这一年，人类对宇宙的物理学认知发生了戏剧性转变，而这一切都源于这位专利局职员的智慧。也正因如此，史学家将1905年称为“奇迹之年”。至于爱因斯坦在专利局工作时有多认真，似乎已不是重点。

这些成就让爱因斯坦获得了进入大学任教的机会。1914年，在洛伦兹的推荐下，爱因斯坦成为德国柏林洪堡大学的教授。然而，此时他与米列娃的婚姻却走向了破裂，米列娃带着儿子回到了瑞士。

尽管1905年发表的相对论震惊了世界，但爱因斯坦并未满足于此。他继续完善相对性理论，将引力纳入考量，于1915年以一系列论文的形式发表了广义相对论。该理论描述了宇宙的结构，成为解释宇宙现象的关键理论，还揭示了诸如普朗克黑洞、宇宙大爆炸、引力波等令人惊奇的现象。

1905年提出的相对性理论，后来被称为“狭义相对论”（这种命名方式与移动电话普及后，作为区分将普通电话称为“固定电话”一样，被称作“回溯命名法”）。本书中，我们一般将这两种理论统称为“相对论”。

天才科学家的光与影

1919年，爱因斯坦与米列娃正式离婚，旋即与第二任妻子爱尔莎·勒文塔尔成婚。爱尔莎是爱因斯坦的表姐，她此前有过离婚经历，还带着两个女儿——伊尔莎和玛戈。在与爱尔莎恋爱期间，爱因斯坦的行为令人惊讶，他竟向伊尔莎求爱，甚至在给伊尔莎的信中提出“我可以选择和你或你母亲结婚”这样让人颇为不适的建议，这显示出他在处理与女性的关系时，似乎缺乏应有的克制。

1921年，爱因斯坦凭借“对理论物理学的贡献，尤其是发现光电效应定律”获得诺贝尔物理学奖。“光电效应定律”源于他1905年发表的论文中的思想，这一理论为量子力学奠定了基础。我们将在第4章中详细讨论这项成就。

这一成就意义非凡，但提到爱因斯坦，人们首先想到的往往是他几乎独立创立的相对论。因此，诺贝尔奖委员会的这一评选决定，在当时显得有些出人意料。或许是因为委员会更倾向于认可那些在实验上得到证实的定律或理论。此时的爱因斯坦已经声名远扬，成为自牛顿之后最受尊崇的科学家，堪称名副其实的“明星科学家”。

1933年，阿道夫·希特勒出任德国总理，身为犹太人的爱因斯坦和爱尔莎被迫移居美国。爱因斯坦在普林斯顿高等研究院担任研究职位，并取得了美国国籍，此后便在美国度过了余生。

1939年，随着战争局势越发严峻，爱因斯坦与同样在美国避难的犹太裔物理学家利奥·西拉德联名致信美国总统富兰克林·罗斯福，建议研发一种“极其强力的新型炸弹”。这封信为后来的“曼哈顿计划”埋下了种子。该计划吸引了大量从欧洲逃亡而来的犹太裔科学家参与。

美国仅用6年时间就成功研制出了前所未有的超级炸弹——原子弹。然而，彼时德国已经投降，希特勒也已自杀。罗斯福总统去世后，继任的哈里·杜鲁门总统决定，将制造完成的三颗原子弹中的两颗投向日本（其中一颗在沙漠中进行了测试）。1945年8月6日和8月9日，美军分别向日本广岛和长崎投掷了一枚铀弹和一枚钚弹，造成超过20万人死亡。

尽管原子弹展示出了巨大的威力，受到了一些美国人的赞赏，但原本被视为未来能源的原子能被用于战争，这一事件震惊了世界，沉重打击了许多人对科学的信任。爱因斯坦虽然在原子弹制造计划的推动上发挥了一定作用，但与众多科学家一样，他后来改变了立场，坚决反对使用核武器。据说，他对当年发出的那封信深感懊悔。

1955年，爱因斯坦因腹部动脉瘤破裂入院，但他拒绝做手术，最终与世长辞。他留下了许多名言和趣事，但由于他临终时说的是德语，而守在他身边的护士听不懂德语，所以他最后的遗言至今无人知晓。

列车告诉我们的相对性原理

让我们将目光回溯到1905年——那个被誉为“奇迹之年”的年份。在这一年，爱因斯坦提出了举世闻名的狭义相对论。

接下来，我将对这一理论展开阐释。由于尽量避免使用公式，后续内容可能会显得有些理论化和抽象，理解起来或许有一定难度，但只要攻克这部分内容，后面的知识便会轻松许多。

从儿时起，爱因斯坦就一直思考一个有趣的问题：倘若身处以接近光速行驶的列车里，会发生什么呢？成年后的他给出了答案："在接近光速行驶的列车里，并不会发生什么特别的事情。"只要列车保持匀速直线运动，既不加速也不减速，轨道也没有弯道，车厢内的景象与列车静止时毫无区别。乘客可以像往常一样喝水、吃东西、聊天、读书，尽情享受各种活动（不过，为避免一些不必要的麻烦，最好不要与外界进行通信）。

关于这一点，大家平时乘坐列车时应该有过类似的体验。即使列车以时速100千米以上的高速行驶，只要它平稳运行，车厢内的乘客往往不会察觉到异常。偶尔摇晃一下，通常是由列车加速或减速造成的。车身发出的哐当哐当声，也是因为列车在做细微的加速运动。只要列车保持匀速直线运动，乘客很难判断列车是静止的还是在行驶。

爱因斯坦正是从这些常见的现象中展开大胆推论，进而提出了狭义相对论。下面，我们以稍微整理后的形式来梳理一下他的推理过程。

狭义相对论就是车厢内的情况不会发生变化

“列车行驶时，车厢内的情况没有特别的变化”，用物理学术语来解释，就是“在惯性参考系中，物理法则是相同的（相对性原理之一）”。这里所说的“参考系”，包含了列车、车厢内的乘客、物体、尺子、钟表等测量工具。当这些对象都处于既不加速也不减速的匀速直线运动状态时，便构成了“惯性参考系”。在这种状态下，在列车内进行任何物理实验，其结果与在站台静止这类惯性参考系中做相同实验所遵循的法则一致。

说到物理实验，或许有人会联想到科学家摆弄着带有杠杆和标尺的大型装置进行神秘实验的场景（当然，也可能没有人这样想）。但实际上，我们日常的吃喝、聊天等行为同样遵循物理法则，从某种程度上说，这些也可以被视为物理实验（不过，涉及重力的实验较为特殊，此处暂且不讨论）。

“相对性原理之一”表明，不管是喝水、吃饭、聊天还是进行其他任何活动，不管列车是处于静止状态还是行驶状态，这些行为都不会出现差异。基于这一原理，我们还可以进一步得出："无法仅依据一个惯性参考系内的实验判断事物是否处于运动状态，必须与其他惯性参考系进行比较（相对性原理之二）。"

这该如何理解呢？假如在运行的列车和静止的列车中分别进行物理实验，得到的结果相同，那么仅依靠列车内的实验，是无法判断列车是否在运动的。例如，我们想知道自己乘坐的列车是否在运行，最简单的方法是看窗外，但这其实是在将列车的参考系与外界参考系进行对比，并非单纯的列车内部实验。

又如，当我们紧贴驾驶座后面观察驾驶情况，从速度计上读取列车速度时，速度计是通过测量车轮旋转速度来确定车速的，而车轮沿着属于外界参考系的轨道转动，所以速度计也是参考外部系统来工作的。由此可见，仅通过列车内的实验，我们很难确认列车是否处于惯性运动状态，以及如果它在运动，其速度是多少。因为在任何惯性参考系中，物理法则都相同，如果不进行惯性参考系之间的对比，就无法得知某一惯性参考系的运动状态。

这种依赖于与其他系统进行比较来确定的特性，我们称之为“相对”。所以可以总结为：“惯性参考系的运动是相对的（相对性原理之三）。”这就是相对性理论中相对性原理的“正式”表述。而从该原理推导得出的物理学理论，便是“相对论”。简而言之，相对性原理就是列车行驶或静止时，车厢内的景象并无不同。希望大家能轻松理解相对性原理，这样接下来的讨论就更容易理解了。

地球的运动无法在地球上测量

本章重点围绕光速展开探讨。此前提到，迈克尔逊和莫雷进行了测量光速变化的实验，然而最终却以失败收场。实验结果显示，即使测量装置处于运动状态，光速却始终保持不变，这一现象令全球科学家困惑不已。实际上，依据相对性原理，我们能够对迈克尔逊和莫雷的实验结果做出合理的解释。

解释迈克尔逊和莫雷的实验为何会得出那样的结果并不复杂。不妨想象一下，要是把他们安装在克利夫兰实验室里的实验装置放置在一辆行驶的列车上，会出现怎样的情况呢?

根据相对性原理，不论列车处于运动还是静止状态，列车内部的实验结果都是一致的。通过在列车内进行光速测量实验，是无法判断列车是否在运动的。只有将列车与外部的某个事物进行对比，才能确定列车的运动状态。这也就意味着，即使在克利夫兰的实验室里开展更为精确的实验，若不与地球之外的物体做比较，同样无法测量出地球是否在运动。所以，从相对性原理的角度来看，迈克尔逊和莫雷的实验从一开始就注定会失败。

在接近光速的列车上打乒乓球

这个解释听起来如此简单，是不是让你感觉自己被糊弄了。你可能会觉得，列车在运动时光速却保持不变，这似乎不符合常理。你或许还会担忧列车内会不会出现一些奇异的状况。事实上，恰恰是因为列车内光速不变，宇宙才得以避免出现种种怪异现象。反之，如果光速会随列车速度的变化而变化，反倒会引发一些奇怪的现象。

我们通过一个例子来说明。假设我们把乒乓球桌搬到列车里，进行一场乒乓球比赛（图1-5）。前方的球员背向列车的前进方向，后方的球员背向列车的后退方向，两人展开对决。当列车速度相较于光速较慢，比赛的进程基本不会受到影响（当然，前提是列车没有震动或加速）。比赛结果完全取决于选手的运气和技术水平，输的一方可不能拿列车速度当借口。

现在，假设列车速度接近光速，会发生什么情况？19世纪，迈克尔逊和莫雷的实验可能会让人误以为光速会发生变化（这其实违反了相对性原理）。对列车内的观察者来说，从前方射来的光的速度会变快，而从后方射来的光的速度会变慢。倘若真是如此，当列车速度接近光速时，我们只要调整列车速度，就能让光从后方球员传播到前方球员延迟几分钟（而从前方传播到后方几乎瞬间就能完成）。这样一来，后方球员将具有压倒性的优势。后方球员能清楚地看到乒乓球和对方的动作，而前方球员看到的只是

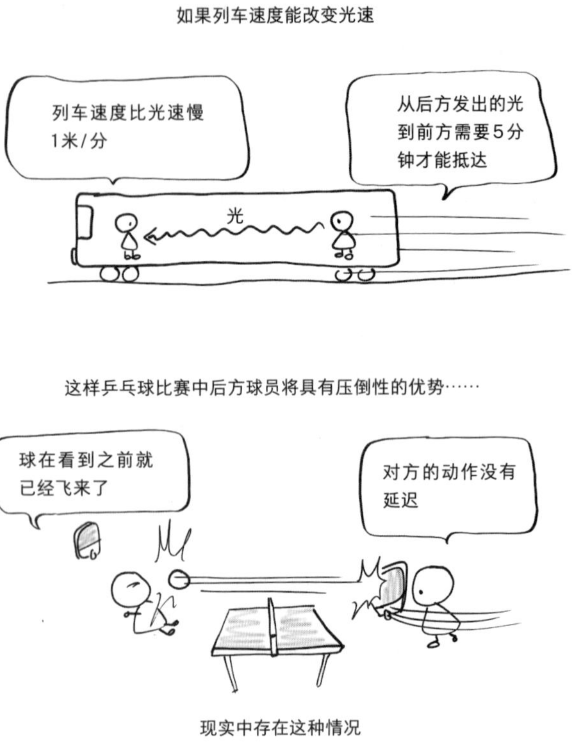

图1-5 在接近光速的列车里打乒乓球。

几分钟前的影像，根本无法知晓球从哪个方向飞来。在这种情况下，前方球员想要接到球，必须具备极其高超的技巧。

可以想象，如果列车速度真的能影响光速，车厢内的任何体育比赛都会受到极大干扰。无论是球类比赛，还是格斗类比赛，处在后方位置的选手将会轻松获胜。如果在列车内举行忍者对决，站在后方的忍者必定获胜，甚至可能在给出致命一击之前，还会得意地宣告:“我已经抢占先机。”

如果列车速度能改变光速，那么车厢内的所有活动都将陷入混乱，体育比赛无法正常进行，日常的活动和行为也会乱作一团。然而，宇宙规则不允许这样的情况发生。如果迈克尔逊和莫雷，或者那些想在比赛中利用这一“漏洞”的人试图这么做，宇宙规则会阻止这种“作弊”行为。

实际上，无论列车以何种速度行驶，比赛的进行过程和结果都与列车静止时毫无二致。我们无法从比赛结果推断出列车的运动状态，光速也不会发生任何变化。因为一旦光速改变，就违背了相对性原理，所以光速始终保持恒定不变。

爱因斯坦将“无论在哪个惯性参考系中光速都保持相同的值”这一观点称作“光速不变原理”，并将其列为狭义相对论的基本原理之一（狭义相对论的另一个基本原理是“相对性原理”）。

顺便提一下，从前面在列车上打乒乓球的例子中能够发现，光速不变原理其实是可以从相对性原理推导得出的。在理论构建中，一般当某个原理能够推导出其他规律时，前者通常被视作“原理”，后者则被当作“定理”。按照这个逻辑，如果把相对性原理作为狭义相对论的基本原理，那么光速不变原理应是由相对性原理推导出来的定理。但令人疑惑的是，爱因斯坦却将两者都认定为狭义相对论的原理。自此以后，几乎所有的物理学教材都毫无异议地沿用了爱因斯坦的这种设定。

列车缩短、质量增加、时间变慢

尽管如此，当惯性参考系处于运动状态时，光速却保持不变，这一现象着实令人费解。爱因斯坦指出，假设光速会发生变化，车厢内将会出现各种各样奇怪的状况。然而，如果光速恒定不变，同样会出现一些违背常识的现象。实际上，这些现象确实存在。就以在列车内进行乒乓球比赛为例，无论列车以何种速度行驶，根据相对性原理，比赛的进行方式与列车静止时并无不同。玩家只要不看窗外，根本不会察觉到列车在运动。那么从列车外部进行观察，情况又会如何呢？倘若列车以接近光速的速度行驶，从后方玩家发出的光抵达前方玩家可能需要几分钟时间。没错，就是需要几分钟。但与此同时，前方玩家发出的光却能瞬间到达后方。

这到底是怎么回事呢？这和我们之前的理解似乎不太一样，难道意味着比赛会受到列车运动的影响吗？这看起来就像魔术一样，但实际上，无论是车厢内的观察者还是外部的观察者，光速始终保持不变，而且这对列车内比赛的正常开展毫无影响。

这个看似神奇的“魔术”是通过一系列精心设计的机制实现的。

1. 从外部观察者的角度来看，列车、乒乓球台、乒乓球和玩家的长度，在运动方向上会发生收缩（这就是之前提到的斐兹杰惹-洛伦兹收缩）。

2. 在外部观察者的钟表上，列车的时间会变得更慢（我们将这种现象称为“时间变慢”）。

3. 外部观察者会发现，前方玩家的时间相较于后方玩家的时间，指示的是更早的时间（这被称为“同时性破裂”）。

在这里，相对论的复杂性开始显现，原本还算容易理解的表述，一下子变得深奥起来。

这些令人难以理解的表述到底是什么意思？收缩、变慢、同时性破裂，这些奇怪的术语到底指的是什么？时间和长度都发生了如此不可思议的变化，车厢内难道不会陷入混乱吗？

其实并非如此，正如我前面反复强调的那样，车厢内的情形与列车静止时完全一样，光速照常传播，乘客们悠闲地喝着饮料、吃着食物、谈天说地，乒乓球在球台上正常地前后往返，比赛有条不紊地进行着。乘客、运动员，甚至忍者，都不会察觉到自己的身高缩短了、时间变慢了，以及同时性被打破了。

对列车内的观察者来说，列车内的情况没有变化，也就是说，相对性原理能够成立，恰恰是因为从列车外部的观察者角度来看，斐兹杰惹-洛伦兹收缩、时间变慢及同时性破裂这些现象正在发生（图1-6）。

宇宙正是通过这些复杂的机制，保证了列车内的物理法则不发生变化，而且在外部观察者看来，光速同样保持不变，所有看似矛盾的地方都得到了协调统一。也正是得益于宇宙的这种巧妙安排，相对性原理才得以成立。

以上这些结论便是从相对论中推导得出的。尽管它们与我们习以为常的知识大相径庭，却与过往无数的实验和观察结果相契合，并且从未出现过矛盾之处。实际上，这些结论还规避了可能产生的矛盾情况，这也正是宇宙的运行方式。

光速c是宇宙中速度的极限

在前面的讨论中，我们已经阐述了列车长度缩

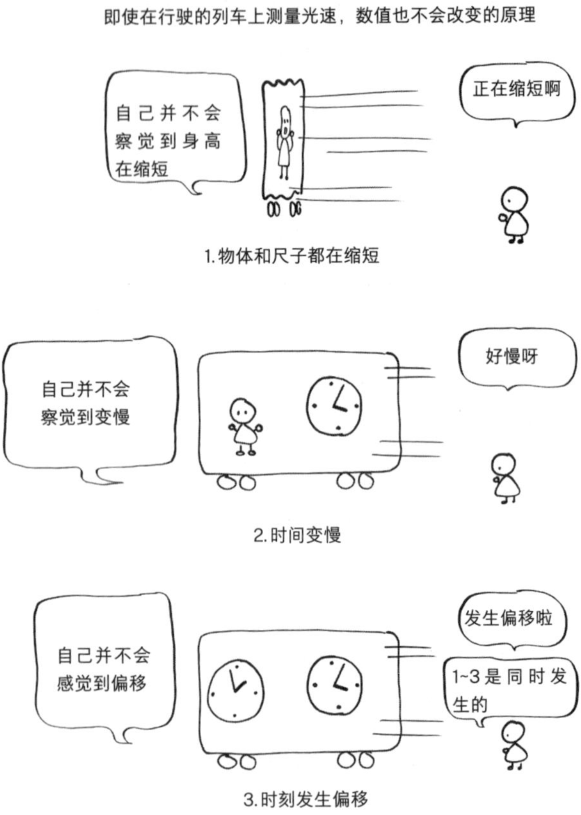

图1-6 斐兹杰惹-洛伦兹收缩。

短、时间变慢等奇特现象。这些频繁出现在各类书籍中的列车示例，在过去的100多年里，既是引导读者理解相对论的经典素材，也在一定程度上给读者带来了困惑。

现在，我们让这趟“列车”再奔驰一次。这次我们设想它试图突破光速。假设这列车由接近光速的蒸汽机或电动马达，甚至是更具未来感的推进系统提供动力，依靠煤炭、电力或反物质等能源驱动，使其速度不断提升，最终达到了30万千米/秒。然而，速度表并未就此停下，而是持续攀升，突破40万千米/秒，甚至达到100万千米/秒，或者你可以充分发挥想象，让它指向每小时100亿光年这样惊人的速度。那么，在这样的情况下，列车内会出现什么情况呢？对于这个假设，并无标准答案，你可以自由畅想车厢内的景象，但有一点可以确定的是，相对性原理将会失效。

当列车达到光速或超光速时，在列车内将无法正常进行物理实验。例如，在车内测量光速，即使车内的尺子和时钟（假设它们能相互协调）会随着列车的运动而相应地伸缩变化，车内与车外所测量到的光速也无法同时维持在30万千米/秒。在车内，你要么会发现光速发生了变化，要么根本无法完成实验。

不仅是光速测量实验，像喝水、吃饭、聊天、打乒乓球、决斗等所有基于物理法则的行为，在这样的列车内都无法正常开展。如果乘客意识清醒，他们将会察觉到车内的异常情况，即使不看窗外，也能判断出列车已经超越了光速。这显然与相对性原理相悖。要知道，相对性原理主要包含三点：第一，在惯性参考系中，物理法则具有一致性；第二，判断某惯性参考系是否处于运动状态，无法仅凭自身判定，必须与其他惯性参考系进行对比；第三，惯性参考系的运动具有相对性。

超越光速这一情形违背了宇宙的基本原理。由此，我们从相对论中可以得出一个重要结论：无论是列车，还是其他任何物体，其速度都无法超过光速。一旦列车速度超越光速，整个物理法则系统将陷入崩溃。这一限制不仅适用于载人列车，任何一个原子，乃至一个基本粒子，都绝不允许突破光速限制。一旦突破，现有的正常物理法则将不再适用（虽然部分研究人员致力于探寻超光速粒子或非常规物理法则，但截至目前，还没有发现任何违背相对性原理的现象）。

乒乓球能超过光速吗

当听到“光速不可超越”这一观点时，你或许会心生诸多疑虑，觉得这与我们的直觉和常识不相符。例如，设想在一辆以50%的光速行驶的列车内，向前以50%的光速发射一个乒乓球，乒乓球会变成什么样呢（从理论上来说，这是可行的）？从车外观察，乒乓球似乎应该达到光速。然而，按照相对论计算，就会发现情况并非如此。由于在以50%的光速行驶的列车内，物体的长度会收缩，时钟也会变慢，所以对车内玩家来说，以50%的光速发射的乒乓球，在车外观察者眼中，其速度仅为光速的80%。它依然无法达到光速。

再假设列车以90%的光速行驶，并且乒乓球也以90%的光速发射，此时从车外观察，乒乓球的速度是光速的99%，依旧与光速存在差距（图1-7）。由于当从速度低于光速的列车发射物体时，从车外观察，该物体的速度总是低于光速。所以将两个低于光速的速度叠加，无论如何都无法超越光速。

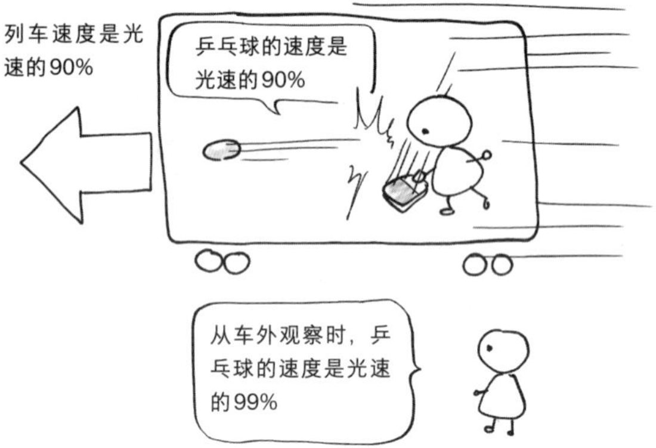

图1-7 无法超过光速。

接近光速时，物体的重量会变得极大

物体的速度为何不能超越光速，还可以通过另一个原理来解释。当物体处于运动状态时，会出现“质量增加”的现象。也就是说，当物体的速度趋于光速时，它的质量会增大（从另一个惯性参考系来测量）。简单来讲，该物体变得更重了。然而，对与该物体保持相同速度和运动方向的观察者来说，物体的质量和它静止时是一样的。

这正是相对论的奇妙之处。质量这一通常被认为恒定不变的属性，不仅会发生变化，还会因观察者的不同而有所差异。这个结论与常识大相径庭，让人忍不住反复确认。但事实上，这个结论经过实验验证。在粒子加速器中，那些被加速到接近光速的粒子，其质量确实会增大。

在日常生活中，我们也能体会到质量对物体运动的影响。例如，给质量较小的轻物体施加一个力，它很容易加速飞出去；但如果对质量较大的重物体施加同样大小的力，该物体几乎不会移动。

而接近光速的物体，其质量会变得超乎想象的巨大（在宇宙中，已经发现有些物体的质量增加达到静止时的100倍甚至100万倍）。在这种情况下，即使持续对物体施加力试图让它加速，其速度也几乎不会有明显变化。所以，已经接近光速的物体无法进一步加速至光速。这与上一节所阐述的原因本质上是相同的，无论从哪个角度理解，都能明白物体不能加速到光速的道理。

能量是代表“物体活力”的量

首先要明确的是，运动的物体具有能量。关于“能量”的具体含义，解释起来非常有趣，但如果在这里详细讨论，我们就很难回到光速这个话题了，所以我会在其他章节再对其进行深入讨论。在此，我先对能量做一个简单说明：运动的物体、受热的物体、被压缩的弹簧、充电的电池等，它们都能通过撞击使其他物体运动，或者通过接触使其他物体升温、变形。物体所具备的这种能让其他物体运动、升温或变形的能力，就是能量。

如果有人对这里提到的热和弹簧感到疑惑，不妨把能量想象成代表“物体活力”的量，这样更便于理解后续内容。运动物体所具有的能量被称为“动能”，它会随着物体运动速度的加快或质量的增大而增加。静止物体的动能为零。当给物体提供动能时，它就会开始运动，而此时物体的质量实际上也在增加。

在日常速度下，这种质量的增加极其微小，普通的测量设备根本无法测出。例如，一架静止质量为100吨的飞机，以300米/秒的速度飞行时，其质量的增加量不到0.1毫克，相当于一粒食盐的重量（在日常速度下，相对论效应所产生的变化大概就是这种程度）。然而，一旦物体速度接近光速，其质量就会急剧增加。可以说，在这种情况下，所提供的能量几乎都用来增加质量，而不是提升速度。

著名的公式登场

给定的能量与增加的质量之间的关系，可以通过一个简单的公式来计算，即$E = mc^2$。乍一看，这个公式没有那么简单，但先不要担心。在这个公式里，E代表物体获得的能量，m是质量的增加量，c是该公式的核心——光速。c在这里是比例常数，值为30

万千米/秒，是一个极大的数值，其平方后更是大得惊人，达到90 000 000 000 000 000平方米/二次方秒。该公式表明，当给物体提供能量使其加速时，物体的质量会随着能量的增加而增大。

即使是极小的质量，经过这样的计算，等式左边的能量数值也会变得非常庞大。例如，0.05毫克的质量，差不多和一小粒食盐一样重，乘以c的平方后，得到的能量是90亿焦耳。这足以让一架100吨重的飞机以300米/秒的速度飞行。由此可见，当物体获得动能时，其质量会增加（不过，即使提供巨大的能量，质量的增加仍然非常微小。这就是在日常速度下，我们几乎察觉不到质量变化的原因）。

接下来，我们要探讨的不仅有动能，还有热能、弹簧的弹性能等所有形式的能量，它们都与质量等价这一问题有关。

能量和质量是同一种东西

能量指的是物体具备让其他物体运动或变形的能

力，具有这种能力的物体就拥有能量。除了运动物体所具有的动能，能量还有其他多种形式。例如，被压缩的弹簧具有“弹性能量”，因为弹簧恢复原状时能推动其他物体运动，在压缩弹簧的过程中，我们给它提供了弹性能量。受热的物体具有“热能”，简单地讲，就是物体含有热量，给物体加热的过程就是在给它提供热能。另外，充满电的电池带有能量；物体被提升到高塔上时也具有能量；米饭或汽油则具有化学能。

事实上，不仅仅是动能，所有这些不同形式的能量都具有质量属性，本质上没有区别。当你压缩弹簧并为它提供弹性能量时，弹簧的质量会增加，虽然增加的量极其微小，即使使用当下最精密的仪器也几乎难以测量出来。同样，当你给水加热直至沸腾时，在这个过程中给水提供了热能，水的质量也会略微增加。如果将500吨水从0℃加热到100℃，其质量增加量大约是2毫克。

此外，充满电的电池质量也会稍微增加。将物体提升到高塔上时，物体和地球组成的系统总质量会略微增加。米饭被消化或汽油燃烧后，产生的二氧化碳和水蒸气的质量相较于初始状态会稍微减少。这就是“能量与质量的等价性”，意味着能量和质量本质上是同一种东西（不过，与1千克质量等价的能量约为10^{17}焦耳，对人类的感官来说，这种宇宙尺度下的等价关系确实显得过大了）。

关于原子能的误解阐明

在解释核武器或核能发电原理时，能量和质量的等价性常常被提及。常见的表述是："借助爱因斯坦发现的能量和质量的等价性，原子弹（或核能发电）从微小的质量中获取了巨大的能量。原子弹（或核能发电）工作时，核燃料的质量有所减少。”想必大家至少都听过一两次类似的解释吧（如果没听过，可以直接跳到下一节）。

然而，从前面的解释我们可知，并非只有核能存在能量与质量的等价关系，像压缩的弹簧、充满电的电池、浴缸里的热水，甚至一杯汽油等都具有质量属性。所以，按照这种逻辑，在压缩弹簧弹开的过程中，我们同样可以说“应用能量和质量的等价性，弹簧从微小的质量中获得了巨大的能量。弹簧工作时，自身质量略微减少”。这表明，将能量和质量的等价性仅仅用于原子能武器和核能发电的解释并不准确。

那么，核裂变的能量来自哪里呢？它主要源于原子核内“质子”间的相互排斥力。原子核内部聚集着带正电荷的质子，由于同性电荷相互排斥，这些质子彼此之间存在排斥力。原子核就像把众多弹簧压缩到极限一样，储存了大量能量。当原子核发生裂变时，就如同被压缩的弹簧突然释放，能量瞬间爆发，产生的碎片高速飞散。飞散的原子核碎片会撞击周围的物体，使其破裂或升温，这就是核裂变获取能量的原理。

如果光速变慢，世界经济会大混乱

我再三强调，光速是宇宙中极为重要的物理常数，其精确值为299 792 458米/秒，约等于30万千米/秒。在所有基础物理常数中，光速最为稳定、可靠，无论何人在何时进行测量，结果都始终保持一致。虽然在日常生活中，我们不会特意去关注光速，但正是因为光速如此快，我们的生活才得以维持稳定有序的状态。一旦光速的值发生改变，整个世界都将发生翻天覆地的变化。不妨设想一下，如果光速发生变化，宇宙会呈现怎样的景象？我们又将生活在怎样的世界中？比如说，从明天起，光速变成30米/秒，仅为当前光速的千万分之一——大概相当于汽车和火车的行驶速度，那么世界将会变成什么样子呢？

直至今日，光在1秒钟内依然能环绕地球7圈半。但如果光速变为现在的千万分之一，光环绕地球一圈将需要15天；从日本通过电波或光通信与美国的朋友联络，收到回信大约要一周时间；国际电话、在线游戏都将无法正常运行；纽约股市暴跌，一周后才会波及东京股市；世界经济将倒退回电报出现之前的状态。

“相对论的100米赛跑”在跑的过程中变成了94米

当运动物体的速度接近光速时，会产生一些奇妙的相对论效应。以短跑运动员为例，来看看会发生怎样有趣的变化。通常情况下，短跑运动员大约能在10秒内跑完100米。现在假设运动员的速度达到了光速的三分之一，这时相对论效应就会开始显现。经计算，这种效应带来的影响大约为6%。

从观众的视角看，由于斐兹杰惹-洛伦兹收缩效应，运动员的身体厚度会收缩6%。如果运动员静止时身体厚度是30厘米，那么在跑步时就会变成28厘米（不过，这个变化相对较小，可能不太容易被直接观察到）。而从运动员自身的角度来看，起点到终点的距离原本是100米，但受相对论效应影响，他们实际感知的这段距离会变为94米（这对运动员来说是个不可忽视的变化）（图1-8）。

同时，由于时间变慢效应，运动员的实际跑步用时也会缩短6%。假设观众和裁判记录的时间是10

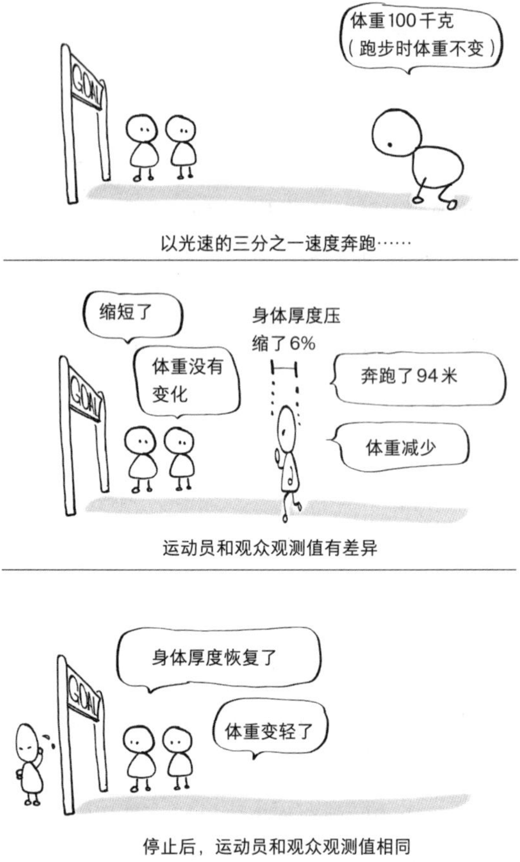

图1-8 光速变慢下的100米赛跑。

秒，那么运动员手表上显示的时间则只有9.4秒。这一变化对于运动员破纪录有着重大影响，但裁判的秒表不会受到时间变慢的影响，所以即使运动员的手表显示时间为9.4秒，也不会被认定为新纪录，就算运动员提出抗议也无济于事。

运动员的体重问题相对复杂一些。根据相对论，物体获得运动能量后，其质量会增加。那么，对于一名跑步前体重为100千克的运动员来说，开始跑步后，他的体重会增加大约6%，变成106千克吗？当在终点停下时，其体重又会恢复到100千克吗？实际情况并非如此。运动员体重的增减，取决于运动能量来自哪里。运动员跑步时的运动能量，来源于他们吃的食物。运动员的身体通过碳水化合物与氧气发生反应，使肌肉纤维收缩，从而推动自身跑步，也就是将碳水化合物蕴含的化学能转化为运动能量。

为产生相当于使体重增加6千克的运动能量，需要6千克化学能（这里暂且不考虑化学能的一部分未转化为运动能量，而是以热量形式散发到体外的情况，同时假设运动员不呼吸、不出汗）。那么，最终结果如何呢？跑步前体重为100千克的运动员（包括体内的食物），在以光速的三分之一速度跑步时，观众观测到的运动员体重仍然是100千克。

在运动过程中，运动员体内的食物会通过化学反应转化为二氧化碳和水（同样，为简化计算，不考虑呼吸和出汗因素）。这种化学变化使化学能减少，所以运动员及其体内食物的静止质量会减少。当运动员边跑步边测量自身体重时，体重会减少6%，变为94千克。当运动员跑到终点停下时，无论是观众还是运动员自己，观测到的体重都会是94千克。之前增加的相当于6千克体重的运动能量，在运动员停下时通过摩擦生热传递给了周围环境，因此体重减轻（相应地，吸收这些热能的地面和空气的质量会增加6千克）。

能量不会凭空消失或产生

对于物体在以接近光速运动时质量增加，而这里又提到质量减少的情况，若让你感到困惑，还望见谅。其实，这里可以通过“能量守恒定律”来解释，或许能帮助你更好地理解。在物理学中，“守恒”是一个比较特殊且不太容易理解的概念，它的含义是“不会凭空消失或产生”。所以，“能量守恒定律”可以简单地理解为“能量不会凭空消失或产生”（当然，如果明天光速突然改变，那就违背这些规则了，但其他物理法则仍会尽可能保持不变）。正是因为存在能量守恒定律，除非从外界吸收能量，否则运动员体内的能量不会无端地增加。

由于能量与质量等价，所以能量守恒定律在一定程度上也可以看作质量守恒定律。这是什么意思呢？举个例子来说，如果观众在比赛开始前测量运动员的体重为100千克，那么即使运动员开始跑步，在没有外界能量注入的情况下，其质量不会自动增加，仍然是100千克。像处于相对论级别的速度运动下的列车和乘客，他们的质量之所以会增加，是因为有外部能量注入使其加速。也就是说，只有通过外部施加能量，质量才会增加。

当运动员将摄入食物的化学能转化为运动能量开

始跑步时，在观众看来，运动员体内的能量是守恒的，所以其质量不会改变。当运动员停止运动时，运动能量被周围环境吸收，能量减少，质量也随之减少。假设光速仅为真实光速的千万分之一，此时运动员质量的减少幅度可达6%。

爬5米楼梯就能减重6%的“相对论减肥”

由此可以得出结论：如果你想减掉6%的体重，只需以10米/秒的速度跑步即可实现。跑步后测量体重，你会发现随着运动能量的消耗，体重确实下降了。而且考虑到化学能量转化过程中的损耗，体重减少幅度可能会超过6%。

在光速为30米/秒的宇宙中，能量所等价的质量非常大。所以，哪怕只有少量能量的吸收或释放，质量都会出现明显的增减变化。

这里有一个与光速无关的冷知识：假设你以10米/秒的速度在操场上跑步，此时你消耗的运动能量等同于爬5米高楼梯所需的势能。也就是说，这样跑步的锻炼效果差不多相当于爬3层楼。虽说对非顶级运动员来说维持10米/秒的速度跑步并非易事，但像我这种运动能力欠佳的人，爬楼梯还是可以做到的。你可以把爬5米楼梯当作完成了顶级运动员的运动量。因此，在光速仅为现实世界千万分之一的假想世界中，爬一趟5米高的楼梯，体内的化学能量至少会消耗6%，体重也至少会减轻6%。这也可以看作“相对论减肥”带来的神奇效果。

人类每天的能量消耗大约为2 000卡路里，换算成焦耳就是800万焦耳（要是统一采用能量单位焦耳，就无须进行单位换算，能减少不少麻烦）。用$E = mc^2$公式计算，这差不多相当于9吨质量。因此，在光速为30米/秒的世界里，维持生命每天所需摄入的能量，换算成食物质量竟高达9吨。不过，这里的9吨食物，并不意味着食物体积会庞大得超乎想象。

在田野中，作物通过吸收阳光茁壮成长，它们将二氧化碳和水这些基本原料转化成化学能量更高、结构更复杂的分子。在这个过程中，作物把阳光的能量转化为化学能并存储在分子内部。正是由于这种化学能的存在，每一个这样的分子，相较于我们日常熟悉的分子，质量要更大一些。在光速较慢的世界里，含有9吨化学能量的食物，无论是体积还是所含分子数量，都与我们日常的食物差别不大。

然而，在光速较慢的世界里，我们所熟知的分子是否还能稳定存在呢？这个问题，我们可以逐步深入探讨。

如果光速变慢，太阳会被冻结

作物生长离不开阳光，而阳光源于太阳表面辐射的光。像太阳、燃烧的炭火及白炽灯等有温度的不透明物体，都会向外辐射光。这种辐射被称为“黑体辐射”，大家不必强行记住这个术语，只要知道物体的温度越高，其辐射越强，发出的光也越亮就行。

如果光速变成原来的千万分之一，黑体辐射的效率会大幅提高，达到原来的100万亿倍。简单来说，光速变慢会使光的波长变短，进而让辐射物体的等效表面积增大，就好像物体表面积实实在在增加了一样。当表面积增大时，辐射总量自然随之增加。在黑体辐射效率极高的情况下，低温物体也能发出强烈的光，并释放大量能量。目前，我们从太阳接收到的能量高达3.86×10^{14}瓦（386万亿瓦），这是一个难以想象的巨大能量。太阳表面能释放出如此巨大的能量，其温度高达5 777K（5 500℃），足以熔化世间所有物质。

可是，一旦光速低到原来的千万分之一，由于黑体辐射效率显著提高，太阳表面即使温度远低于现在，也能够释放出与当前相同量级的能量。经换算，太阳表面温度将降至1.8K（-271.3℃），这是一个极低的温度。在这样的极低温之下，太阳的主要构成物质——氢，会变成坚硬的固体——而在所有物质中，最不容易冻结的氦也会凝固（当然，这可能需要施加一些压力）。也就是说，太阳、其他恒星及行星都会被冻结。

由于黑体辐射效率极高，宇宙中的大部分热能会通过辐射被快速消耗掉，很难留存下来用于加热物体。当光速降到原来的百万分之一时，宇宙将变成一个极度寒冷的地方，到处都是冻结的物体，光线在这些冰冷的物体之间弥漫，营造出清冷、寂静的氛围。

由未知粒子组成的宇宙

在光速较慢的世界中，无论是低温还是高温环境，是否还存在“物质”，这是一个值得深入思考的问题。即使存在物质，也极有可能与我们当下认知的、由原子和分子构成的物质完全不同。为什么会这样呢？这要从原子的构成方式说起。我们熟悉的原子，由带正电的原子核和围绕它旋转的带负电的电子组成。原子核和电子之间通过电力相互吸引，这种吸引力决定了原子的基本结构，而原子结构又进一步决定了元素的化学性质。

此外，磁力在原子构成中也起着关键作用。原子中的电子并非静止不动，它们会不停地旋转，旋转的电子就像一个个小电磁铁。电子之间通过电力和磁力互相作用，这种复杂的相互作用使得原子形成了如今复杂多样的结构，也造就了元素周期表上各个元素所展现的丰富多样的性质。与此同时，别忘了，光实际上是一种“电磁波”，兼具电和磁的特性。

我们假设从明天开始，光速降到原来的千万分之一，且其他物理定律保持不变。在这种情况下，世界将会发生哪些变化呢？实际上，由于光速是电磁学中的关键物理常数，改变光速，就必然意味着要对电磁学的原理及相关物理常数进行调整。我们尝试对电气原理或磁力原理中的一项进行修改。

这里我们选择调整磁力原理，具体做法是，将“真空的磁导率”这个物理常数提高100万倍（为了简化讨论，在此暂不考虑电子电荷变化，假定电子电荷和电力不变）。如果电子之间的磁力增强100万倍，这股磁力将变得极为强大，足以压倒原子内部原本占主导地位的电力。原来，原子结构由主导性的电力和相对较弱的磁力共同维持平衡，但当磁力变得异常强大后，原子结构将被彻底重塑。此时，电子的运动轨道将主要由磁力决定，原子的能量状态、稳定性及与其他原子的结合方式等也都将受磁力支配。

在当前正常光速下，由于电子之间的电力相互排斥，它们无法结合在一起。但如果光速降到原来的千万分之一，在强大磁力的作用下，多个电子结合在一起，形成一种在我们现有宇宙中从未见过的全新“粒子”。

在充斥着这种新物质的环境里，会诞生怎样的元素和化合物，以及它们又将如何发生反应？这个问题实在难以预测。从我们熟知的原子核和电子这些基础物质中，都能衍生出极为复杂多样的性质。那么，在这种全新的物理条件下，新的原子和元素会展现出怎样的特性，显然难以想象。不过，在笔者的想象中，即便光速和磁力发生改变，那个世界依然会充满各种各样的物质，丰富而多彩。

02

★

通过引力常数G了解宇宙的结构

地球之所以是圆的，要归功于重力的作用

本章主要围绕引力常数G展开。重力，无疑是一种对我们生活有着深远影响的强大力量。我们自出生起，便受重力作用“落”向地面，最初只能躺着，难以行动。而当我们第一次成功克服重力，摇摇晃晃地站起来时，家人会为我们鼓掌，满心欢喜地给予称赞。

在自然界中，雨水受重力牵引从天而降，并顺势向低处流淌，逐渐汇聚成河。河流奔流不息，不断侵蚀山峦，填平山谷。不仅如此，宇宙中的天体呈现出球形，这追根溯源也是重力的作用。重力的影响不仅体现在我们的日常生活及自然环境中，更决定了宇宙的整体结构。地球、火星、木星等行星在重力的强大牵引下，依照牛顿的万有引力定律，围绕太阳有条不紊地运行着，如同精确的时钟一般。

自牛顿的时代以来，科学技术飞速进步。如今，我们借助无线电波、中微子、引力波等先进的观测设备，得以探测遥远宇宙中那些奇特的物理现象。这

些探索极大地改变了人类对宇宙的认知。在宇宙的各个角落，存在着拥有超强重力的黑洞，它们疯狂吞噬物质，甚至相互碰撞。宇宙起源于那场被称为“宇宙大爆炸”的惊天事件，并且直至今日，仍然在不断膨胀。

引力常数G作为描述重力强度的基本物理常数，最早在牛顿的万有引力定律中亮相，之后在爱因斯坦（再度登场）的相对论中继续发挥着关键作用。它对宇宙的诞生与演化过程有着决定性影响，塑造了我们如今所看到的宇宙结构。

“重量”和“质量”是不同的概念

重量，本质上是作用于质量之间的引力作用。虽然这个概念理解起来有些抽象，但我们暂且这样去理解它。在日常生活中，“质量”这个词或许不太常用，尽管本书已多次提及，但仍有必要对其进行详细阐释。质量是用于衡量物质多少的基本物理量，其单位是“千克”。例如，一升水的质量是1千克，成年人的质量在40千克到90千克之间。

或许有人会有疑问：“用千克来衡量，那不就是重量吗？”但在物理学领域，重量和质量是两个截然不同的概念。在物理学中，我们使用“质量”和“千克”来表示物质的多少。重量（又称重力）指的是作用在质量上的引力（在地球上，主要指地球施加的引力），如某人去了月球，他的重量会变为在地球上的六分之一，但其质量不会发生任何变化。严格来说，重量不应该用“千克”来衡量，而应该用“力”的单位来表示。不过，如果真这么做，就会与我们日常的习惯相差过大，容易引发混乱，所以这里就不再深入探讨这一细节了。

无论是眼前的一瓶矿泉水，还是人体、地球、月球，乃至太阳，世间万物都有各自的质量。这些质量之间都存在着相互吸引的作用力，如水瓶与人体之间存在着极其微弱、人们难以察觉的引力；人体与地球之间存在引力，太阳与地球之间同样存在引力，甚至人体与太阳之间也都存在引力。事实上，宇宙中的所有物体都在相互吸引。如果把所有这些引力组合都罗列出来，别说一页纸，恐怕耗尽设备的全部存储空间都不够。这种遍及万物的引力，被称作“万有引力”。不过在日常生活中，我们能明显感知到的，主要是地球对人体的引力。无论我们怎样用力跳跃，最终都会被地球的引力拉回地面。而且如果不小心摔倒，膝盖还可能会擦伤。

那么，一瓶水对人体的引力有多大呢？假设将一瓶1千克重的水放在距离人1米远的地方，它对人体的引力大概只有地球引力的三十亿分之一。这种引力实在太过微弱，别说人类的感知力了，即便是使用当今最灵敏的测量设备，都难以探测到。

实际上，重力是一种非常微弱的力。把两个1千克重的物体以相距1米的距离放置，它们之间的引力大约是$6.674\,30 \times 10^{-11}$N（牛顿）。这里突然冒出来的“N”其实是力的单位，它的命名源于历史上最伟大的科学家之一——牛顿。1N的定义是：如果对1千克的质量施加1牛顿的力，它会产生1米/二次方秒的加速度。换句话说，$1N = 1kg \cdot m/s^2$。

上面提到的“两个1千克的物体相距1米时，引

力为 $6.674\ 30 \times 10^{-11}$N”，这就是我们所说的“引力常数 $G = 6.674\ 30 \times 10^{-11} \mathrm{N} \cdot \mathrm{m}^2/\mathrm{kg}^2$”。G 反映了重力的大小，是一个至关重要的物理常数。

为何如此微弱的重力能够支配宇宙

相较于电磁力等其他基本力，重力的强度确实非常微弱。以原子中的电子和质子为例，它们之间既存在因质量而产生的重力，又存在电磁力使它们相互吸引。但若将这两种力的强度进行对比，会发现重力的强度仅为电磁力的 3×10^{-42} 倍，这种微弱程度简直难以用言语形容。

正是因为电磁力远远强于重力，所以带相反电荷的物体（如电子和质子）很容易摆脱重力的束缚而相互结合，而带相同电荷的物体（如电子与电子）会迅速相互排斥并分开，几乎不受重力影响。当带电物体通过交换电子等方式变为电中性后，电磁力就会随之消失。这表明，尽管电磁力远远强于重力，但它常常会因自身的中和作用而不复存在。虽然这一现象看似出人意料，但在宇宙中却极为常见。

然而，重力却无法被中和。直至今日，人类还没有发现能够抵消重力的“反质量”或“负质量”物质（或许这样的物质根本就不存在）。目前已知的所有物质质量都是正的，由于重力无法被中和，当大量质量聚集在一起时，原本微弱的重力就会逐渐累积起来，变得不容小觑。所以在宇宙中，我们常常能看到那些基本呈电中性的巨大质量团块，彼此之间通过重力相互作用，如地球与月球、太阳与行星，甚至包括拥有无数恒星的银河系也是如此。

不过，像地球、月球这样由岩石构成的天体，或者像太阳这样的气体星球，乃至整个银河系，并非从宇宙诞生之初就一直飘浮在宇宙中。大约46亿年前，地球、月球和太阳还只是弥漫在宇宙中的稀薄气体和尘埃。而银河系在更久远的年代，由气体和一种神秘的物质——暗物质构成。促使这些物质聚集并最终形成天体的力量，正是重力。

在广袤的宇宙中，四处弥漫着稀薄的氢气和暗物质。在这些物质里，某些区域偶然出现了密度稍高的地方，这些地方因自身微弱的重力成为引力中心，逐渐吸引周围的气体。随着气体不断汇聚，这些区域的密度持续升高，重力也变得越来越大，最终形成了巨大的气体云团。当然，这只是对天体形成过程的一个简化描述，实际过程中还涉及气体的能量变化、角动量的释放等更为复杂的机制。但总体上来说，正是重力促成了天体的诞生。换言之，如今我们所看到的宇宙结构，正是由这些看似微弱的重力塑造而成的。而用来描述重力的基本物理常数，就是引力常数 G。

牛顿向人类揭示了引力常数

1687年，牛顿发表了《自然哲学的数学原理》（通常简称为“《原理》”）。这部著作阐述了运动三大定律和万有引力定律，是世界上第一部关于牛顿力学的教材。

其中，运动三大定律包括惯性定律（第一定律）、运动方程（第二定律）、作用与反作用定律（第三定律）。当这些定律与万有引力定律相结合，并借助微积分这一数学工具，就能够精确计算苹果落地、月球绕地、行星运转、炮弹发射，乃至人造卫星运行等各种物体的运动轨迹。同时，科学家从这些定律中还推导出了能量、动量等物理量及其守恒定律。

牛顿力学作为所有物理学的根基，构建起了一个强大且优美的理论体系。而《原理》正是牛顿首次向世界展示这一体系的著作，堪称人类历史上的伟大杰作。这本书不仅是后来所有科学技术发展的起点，更是一部深刻改变世界的作品。

然而，《原理》作为教材，十分难懂。甚至有说法称，牛顿是故意将其写得复杂难懂。有一种观点认为，牛顿之所以这样写，是因为他觉得如果写得太浅显，外行人就会随意参与讨论，这让他感到厌烦。这样的写作态度，恐怕只有像牛顿这样的天才才敢秉持。

好在自《原理》出版至今已有300多年，如今，即使没有牛顿那般卓越的智慧，人们也能通过众多通俗易懂的教材学习牛顿力学。因此，现在想要学习牛顿力学，不必非得研读《原理》，大家完全可以根据自身水平，挑选更合适的教材。

地球和你正以相同的力量互相拉扯

《原理》的最后部分介绍了万有引力定律（也被称为牛顿的重力定律），该定律可用下面的数学公式表示：

$$F = G\frac{m_1 \times m_2}{r^2}$$

用文字表述就是：两个具有质量的物体之间存在引力，其大小与它们之间距离的平方成反比，与两者的质量乘积成正比。

引力与距离的平方成反比，这意味着物体间的距离越近，引力越强；距离越远，引力越弱。不过，引力即使减弱，也不会彻底消失。哪怕将两个物体分隔到光都需要数年才能抵达的距离，它们之间依然存在微弱但真实的引力。此外，引力与质量的乘积成正比，质量越大，引力越强。这一点符合我们的直观感受——当其中一个物体的质量像地球一样巨大时，引力就会变得像我们日常感受到的那般强烈。

值得注意的是，引力作用是相互的，且作用力大小相等。此刻你感受到的地球对你的引力，与你对地球施加的引力完全相同（这正是牛顿运动第三定律——作用与反作用定律的一个实例）。想到自己的身体居然能对地球施加如此强大的引力，着实有些令人难以置信。

由于引力与质量的乘积成正比，这也解释了一个特殊的重力现象：自由下落的物体，无论质量大小，都会以相同的加速度下降，这就是著名的“自由落体定律”。自由下落的物体，是受地球引力作用而运动的物体。如果你同时松开两个质量不同的物体，它们会以相同的加速度下落，并且同时着地。这一现象是由伽利略发现的（与他尝试测量光速的实验不同，自由落体定律实验成功了）。

那么，为什么重力与质量成正比，却不会使质量大的物体下落得更快呢？答案在于加速度：物体的质量越大，它的惯性也更大——尽管受到的引力更强，但也更不容易被加速。举例来说，如果一个物体的质量是另一个物体的10倍，它受到的引力确实是另一个的10倍，但它的加速度会因质量增加而减少到原来的1/10，最终所有物体都会以相同的加速度自由下落。这就是自由落体定律的原理，而物体下落时的加速度被称为“重力加速度”。

在地球表面，重力加速度约为10米/二次方秒，这是一个计算起来非常方便的数值（地球真是“贴心”）。利用这个数值，我们可以轻松计算出物体的下落速度。如物体落下1秒后，速度约为10米/秒；落下10秒后，速度约为100米/秒。记住这个数值，生活中的许多场景都能派上用场。

然而，牛顿在《原理》中虽提出引力与质量的乘积成正比、与距离的平方成反比的关系，却并未给出具体的比例常数，也就是引力常数G。在牛顿所处的时代，人们还无法测量这个常数的数值，毕竟引力极其微弱，测量引力常数G需要高度精密的实验技术（本书介绍的几个基础物理常数——光速c、引力常数G、基本电荷e、普朗克常数h，都需要非常精密的测量技术)。

第一个成功测量出引力常数G的人是亨利·卡文迪什。这位科学家，完全符合“疯狂科学家”的形象。他的个人故事，我们稍后再讲。

卡文迪什测量引力常数的实验

测量引力常数G的原理其实很简单：只需准备两个质量已知的物体(如0.73千克和158千克的铅球)，然后测量它们之间相互吸引的引力。再通过测量两者间的距离，并进行简单的乘除运算，就可以求出G的数值。

不过，说起来容易做起来难。铅球之间的引力极其微弱，想要测量它，需要极高的实验技巧和精巧的设计。卡文迪什在1798年成功完成了这项实验。图2-1是卡文迪什论文中描绘实验装置的插图(科学研究的一大魅力就在于能够阅读200多年前的实验论文，并分析其中的方法)。

探测微弱引力的实验装置极为敏感，哪怕是极

两颗质量为0.73千克的小铅球，被悬挂在两颗质量为158千克的大铅球附近，当小铅球受到大铅球的引力作用时，支撑小铅球的横杆会发生微小的旋转，进而致使悬挂系统的细线发生轻微扭曲。通过测量这种扭曲的程度，就可以计算出引力的大小。

图2-1 卡文迪什实验装置（资料来源：亨利·卡文迪什，1798年，《测定地球密度的实验》，《哲学汇刊》第88卷，第469页）。

其细微的空气流动、振动或是温度变化，都可能对其产生显著影响。仅仅是有人从旁边经过，悬挂的杆子就可能摇晃或扭曲，进而导致实验失败。为了最大限度地避免这些干扰因素，卡文迪什将实验装置安装在他那座宽敞宅邸中的一间屋子里，而他自己则待在隔壁房间，通过望远镜读取测量刻度，并远程操控装置。

按照实验结果，只需进行简单的计算就能得出引力常数G。然而，卡文迪什似乎对引力常数本身兴趣不大，他在计算出地球的密度后，便感到满足了。相比之下，他明显更关注地球密度问题。

如果用卡文迪什的实验数据来计算引力常数G，所得数值与现代测量值相比，误差约为0.5%。考虑到这是人类历史上首次对引力常数进行测量，这样的精度堪称惊人。这项实验便是著名的“卡文迪什实验”。实际上，卡文迪什所进行的惊人实验远不止这一项，他在其他领域还有许多重要的研究。

孤独的天才卡文迪什

卡文迪什于1731年出生在一个贵族家庭，继承了一笔巨额财富。但他对奢侈的生活毫无兴趣，这笔财富未曾动用，一直完整保留到他去世。卡文迪什真正感兴趣并为之奉献一生的是科学研究。

1772年，他开展了一项测量电力的实验，这项研究的价值与他对重力的测量实验不相上下。但他只是默默地将实验过程和结果记录在笔记中，并未选择发表。1785年，法国物理学家夏尔·奥古斯丁·库仑通过独立实验，得出了与卡文迪什相同的结果。与卡文迪什不同的是，库仑公开发表了自己的研究成果，因此，描述电力作用的物理定律如今被称为“库仑定律”。

卡文迪什一生进行了许多卓越的科学实验，获得了诸多重要发现，他对自然界的理解远超同时代的人。可他公开发表的研究成果寥寥无几。直到他去世多年后，人们在阅读他的笔记时，才惊讶地发现其中包含着许多超越时代的研究和深刻见解。

在化学领域，卡文迪什同样展现出了非凡的实验才能。1766年，他发现了氢气，并确认这是一种新元素。1785年，他又发现了空气中含有微量的神秘气体。直到100年后的19世纪末，这种神秘气体才被确定为一种未知元素，并被命名为“氩”。

19世纪，科学界尚不知晓惰性气体的存在，当时的元素周期表中也没有为它们预留位置。化学家们苦思冥想，最终决定在周期表中增加一列，专门为氩、氦、氙等惰性气体设立一个新的元素组。就这样，现代意义上的元素周期表得以完善。卡文迪什的这些发现经过整整一个世纪才得到科学界的理解和认可，对化学学科的持续发展起到了有力的推动作用。

卡文迪什为数不多的论文发表在英国皇家学会的学术期刊《哲学汇刊》上。英国皇家学会是世界上最古老的科学组织。更令人惊叹的是，《哲学汇刊》至今仍在发行，并且可以在线阅读（顺便一提，“皇家”这个称号并不意味着该组织由英国王室创立，实际上它是一个民间组织）。

卡文迪什作为一位杰出的科学家，深受皇家学会会员敬重，但他的性格十分古怪，人际交往方面表现得格格不入，堪称科学界的“怪人”。他沉默寡言、性格内向，平日里总是穿着过时的服饰，尽可能地回避社交场合。不过，卡文迪什并非完全不具备社交能力，每周一次的学会聚餐几乎是他唯一参与的社交活动。若不是出于对科学的热爱，他或许会彻底与社会隔绝。

聚餐时，卡文迪什从不主动加入谈话，只与个别熟识的男性朋友交谈。当有人向他请教问题时，如果话题能引起他的兴趣，他会含糊地回应几句，但如果不感兴趣，他便会发出不耐烦的尖锐声音，然后迅速躲到角落里，以免被打扰。

他对女性怀有极度的恐惧，甚至无法正常与女性交谈。他与家中的女仆只能通过字条交流，为了避免碰面，他甚至在宅邸内设置了仅供自己使用的楼梯（另有文献说是独立的出入口）。相传，一旦女仆在屋内不小心与他迎面相遇，就会立刻被解雇（从这一点来看，他确实不是个友善的主人）。

卡文迪什热爱科学，也热爱孤独。他希望自己能在无人打扰的情况下安然离世。当他预感到自己行将就木时，便命令仆人（男性）离开房间一段时间。等仆人回来时，他已悄然离世，享年78岁。

宇宙是像钟表一样精确运转的吗

牛顿提出的万有引力定律中，引力常数的具体数值正是通过卡文迪什的实验得以测量的。一旦知道了引力常数的值，地球的质量也就随之明了。从这个意义上说，卡文迪什不仅测出了引力常数，还测定了地球的质量——约为 6×10^{24} 千克。不仅如此，太阳、木星、土星等诸多之前无法测量质量的天体，也在卡文迪什实验的启发下，质量逐渐被确定。卡文迪什的实验为人类揭示宇宙奥秘开辟了道路，意义深远。

在过去，行星等天体的运动对人类来说是遵循着神秘莫测的“天上法则”的。但随着科学发展，这些天体褪去了神秘面纱，成为科学研究的对象。当它们的质量被明确后，人们发现天体与地面上的苹果并无本质区别，都遵循牛顿的力学学说。当时，人们普遍认为宇宙就像精密的钟表，规律而有序地运转着。牛顿学说凭借强大的计算能力和解释力，似乎预示着科学能够解答世间所有问题。

“拉普拉斯恶魔”

18世纪至19世纪，牛顿学说的巨大影响力催生了一种观点：人们坚信可以用其计算世间万物。在这种思潮下，天体不再是神秘的存在，对世界的解释也无须借助神的力量，仅依靠物理法则即可。尽管当时电磁力等部分自然法则尚未被完全理解，但人们乐观地认为，这些问题的解决只是时间问题。因此，大家相信在不久的将来，所有物理法则都会被揭示，人类终将完全理解宇宙。

这种“宇宙像机器一样运转，无须神或灵魂干预，仅靠几个物理法则就能理解和计算一切”的观点，被称为“机械论的自然观”（或“机械论”）。

这种对科学满怀信任的乐观思想，被与卡文迪什同时代的法国数学家皮埃尔·西蒙·拉普拉斯表达得淋漓尽致。他曾写道："如果有一个智能生物知道自然中所有物体的状态和构成，并具备分析这些信息的能力，那么它就能根据同一方程式来计算宇宙中最大物体的运动，以及最轻原子的运动。对这个智能生物来说，没有任何不确定的事物，在它眼中，未来与过去一样都是显而易见的。"

——皮埃尔·西蒙·拉普拉斯，《概率的哲学试论》(1814年)

不得不说，这段话非常优雅。拉普拉斯表达的意思是，只要我们掌握宇宙中所有物体当前的位置和速度，就可以运用牛顿的理论计算出它们的运动轨迹。这意味着神不会以奇迹的方式干预物体运动，所有物理现象都能用方程式解释，未来事件完全由当下状态决定，理论上皆可计算。这不仅是对物理学，尤其是对牛顿学说的深刻信仰宣言，也塑造了一个著名的虚构概念——"拉普拉斯恶魔"。这个概念看似宣扬科学万能，实则颇具讽刺意味地展现了人类试图摆脱神与超自然力量干预、纯粹以科学解释宇宙的信念。

顺便提一下，“拉普拉斯恶魔”的说法源自拉普拉斯著作《概率的哲学理论》的序言。我不禁好奇，如今众多引用这一概念的人，究竟有多少曾读过原文？

计算银河系的质量让天文学家感到困惑

一旦确定了引力常数G，地球、太阳、木星和土星的质量就能计算出来。其原理是，地球的重力吸引着包括人类在内的地面物体，通过测量这种重力并结合引力常数进行计算，就可以得出地球的质量。

太阳的重力则是通过测量水星、金星、火星等行星及小天体对其的吸引力来确定的，这些天体在太阳引力的作用下环绕它运行。根据它们的运动状态，我们可以测定太阳的重力，经计算，太阳质量约为 2×10^{30} 千克，是地球质量的30万倍。木星和土星各自也有卫星围绕，同样可以采用类似的方法计算出它们的质量。这种通过测量重力结合引力常数来计算物体质量的方法，在天文学领域应用广泛。

银河系的质量也能用类似方法测量。太阳在银河系的引力作用下，以大约2.25亿年的周期绕银河系中心运转。银河系中约有1 000亿颗恒星与太阳一起旋转，从“上方”俯瞰，就像浮在咖啡上的奶油一样（这只是我们的想象，实际上没人能真正从“上方”观察银河系）。

通过这1 000亿颗恒星的运动情况，我们可以计算出银河系的质量。不过，银河系是1 000亿颗恒星的集合体，并非像地球或太阳那样的单一球体，所以计算方法稍有不同。最终得出的结果是，银河系的质量大约是太阳的1万亿倍，这是个极其庞大的数字。虽然1 000亿颗恒星质量巨大似乎理所当然，但这个数字还是大得超乎想象。

然而，通过重力测量银河系的质量，得出的结果往往比构成银河系的恒星和气体的总质量还要大几倍，这让天文学研究者感到困惑。

宇宙的主要成分是暗物质

实际上，无论是银河系，还是散布在宇宙中的其他星系（只要能测量其质量），都会呈现出类似的现象。星系似乎是由恒星、气体及一种难以识别的质量共同构成的。这种神秘的质量用其他观测手段无法探测到，因此被称为“暗物质”。

更准确地说，银河系本质上是暗物质的聚集，恒星和可观测到的气体只是附着其上的一部分。实际上，宇宙的主要成分并非我们所见的那样，那些看不见且性质不明的“物质”才是主体。那么，暗物质的本质究竟是什么呢?

尽管人类知道其存在已经近100年，但至今仍未能揭开其神秘面纱。目前较有力的猜测是，它可能是某种未知的基本粒子。虽然这些粒子至今尚未被粒子加速器确认，但它们可能大量存在于宇宙空间中。此外，还有一些其他理论，如存在木星大小的小型天体、黑洞假说、已知粒子说等，但许多现有的物质都无法解释相关现象，只能推测它们属于我们尚未知的物质。

暗物质的本质仍是当前物理学中一个重要的未解之谜。为了找出答案，理论研究和实验工作都在积极展开。科学家们在宇宙空间和地下设置了粒子探测器，时刻监测未知粒子出现的迹象。或许明天就会传来令人振奋的消息，宣告暗物质的本质终于被揭示。不过，随着人类对质量测量的深入，曾经在牛顿力学时代被视为像钟表般规律而有序运转的宇宙，已经发生了翻天覆地的变化。

广义相对论的易懂解说

牛顿发现的万有引力定律，后来被爱因斯坦的广义相对论进一步发展。牛顿力学所描绘的宇宙图景，如同精密钟表般规律有序，而爱因斯坦的理论则构建起了一幅极为复杂、令人费解的宇宙图景——在这个图景中，时间和空间会不断拉伸与收缩。那些钟情于牛顿宇宙观的人，面对如此巨大的观念转变，难免感到惋惜（不过需要说明的是，早在相对论出现之前，“宇宙像机器一样运转，仅靠几个物理法则就能理解和计算”的机械论自然观，就已不再流行，其失宠并非相对论直接导致）。

那么，广义相对论究竟是怎样的物理学理论呢？虽然很难用三言两语解释清楚，但我会尽力尝试。根据广义相对论，时间和空间（统称为“时空”）并非固定不变，而是可以伸缩和变形的，尤其在靠近质量较大的物体时，这种拉伸和收缩现象会更加明显。当物体在这种变形的时空中运动时，其轨迹不再是直线，而是会发生弯曲。这一理论很好地解释了诸多重力效应，如抛出的球呈抛物线轨迹，行星围绕太阳沿椭圆轨道运行，本质上都是因为时空发生了扭曲。

广义相对论被认为难以理解的两个原因

首先，广义相对论所涉及的数学知识极为复杂。在光速相关章节提到的狭义相对论，理解其基本概念基本上高中水平的数学知识就足够了。然而，学习广义相对论的学生却需要面对“黎曼几何”“张量分析”等晦涩难懂的内容，常需要为弄懂这些概念而绞尽脑汁。如果碰巧遇到一位热爱数学的老师，课堂上可能还会出现“流形”“微分形式”等更复杂的概念，到那时，教室里便会满是学生的哀叹声。

美国作家阿尔弗雷德·贝斯特的科幻小说《被毁灭的人》中有这样一首歌：

八啊，七啊，六啊，五啊，
四啊，三啊，二啊——
紧张再紧张；紧张再紧张。
紧张、忧惧、纠纷从此开始。

这生动地描绘出了学生面对复杂数学概念时的无奈情景。实际上，“黎曼”“张量”等数学工具，是处理拉伸、收缩和扭曲的三维空间及四维时空所必需的。折纸、用黏土制作立体模型，对孩子们来说是充满乐趣的活动，但要用数学精确描述这些过程，就需要相当深奥的概念了。爱因斯坦在构思广义相对论时，也曾在将想法数学化的过程中受阻，为此他向数学家格罗斯曼·马塞尔请教，学习了黎曼几何。所以，他早期的很多广义相对论论文都是与格罗斯曼合作完成的。

广义相对论的第二个难点在于如何想象扭曲的时空。如果无法在脑海中构建三维空间或四维时空的拉伸、收缩和扭曲，就很难理解爱因斯坦所阐述的理论。在爱因斯坦提出广义相对论之前，人们在日常生活中几乎不需要想象扭曲的时间和空间，所以初次接触时难免困惑。不过，这个难点与复杂公式带来的困难本质上是不同的。

尽管扭曲时空是个全新且陌生的概念，但实际上，不需要借助公式也能想象。就像即使不懂黎曼几何，也不影响折纸或制作黏土模型；不懂牛顿力学，也能顺利接球或骑自行车一样。同样，即使未掌握张量分析，只要稍加练习，也能想象出时空的拉伸和收缩。从这个角度看，广义相对论的第二个难点，反而为我们绕过复杂数学，理解该理论提供了一条途径。

时间缩短，空间延伸

在质量附近，时间流逝会变慢（图2-2）。所以，当把时钟靠近质量大的物体时，时钟的走动就会变缓慢。不过，这种效应极其微小，无论是狭义相对论还是广义相对论所产生的效应通常都如此。例如，放置在像地球这样质量巨大的物体表面的时钟，与远离地球的时钟相比，走动差异小于十亿分之一。好在如今最新的时钟技术精度极高，能够检测到如此微小的变化。

利用光晶格钟，人们检测出了东京晴空塔的观景台与地面之间时间流逝的差异。相比450米高的观景台，地面更靠近地球，因此地面时钟的走动大约变慢了5×10^{-14}秒。平常我们可能不会留意，但生活在地表的我们（假设高度相当），时间走得比东京晴空塔观景台要慢。

此外，质量还会拉伸周围的空间（图2-2）。这意味着什么呢？举例来说，假设你要伸手去触碰1米远的瓶子。如果瓶子是空的，质量很小，你伸手1米就能碰到。但如果瓶子里装满水，质量很大，你可能需要多伸出一点点才能碰到。具体来讲，如果瓶子的质量是1千克，需多伸出10^{-27}米，这个数值比手中原子的原子核还小，实在是微乎其微。现代技术制作的

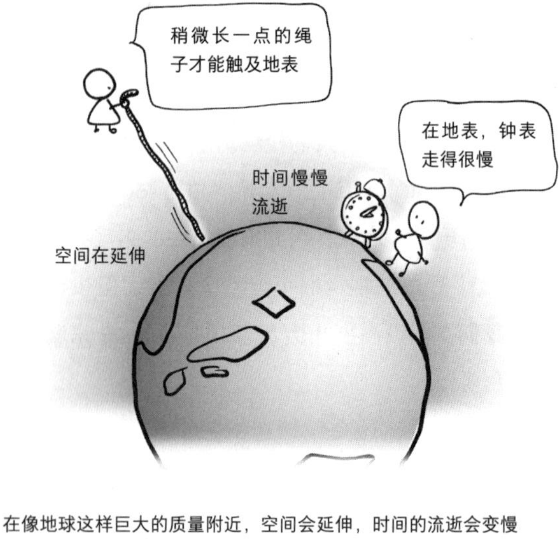

图2-2 时间缩短，空间延伸。

塑料瓶的重力则更小，相对论效应就更加微小，几乎不可能被检测到。

那么，地球究竟能拉伸空间多少呢？如果从东京晴空塔的观景台垂下绳子，理论上没有地球质量的影响，450 米就能到达地面，但由于空间被拉伸，实际上需要450 米再加上 3×10^{-7} 米，差不多多了三万分之一毫米（根据现有的距离测量技术，或许可以检测到）。

被抛出的球能感知时间的差异

最新的测量技术是否能检测到微小质量对时间和空间的影响，至今仍然是未知数。不过，这一切听上去依然很奇妙。根据爱因斯坦的说法，时空扭曲是重力的本质，但如此细微的影响，真能产生出强大到将我们牢牢固定在地面上的重力吗？强大到我们如果反抗它，就会摔倒、擦伤膝盖？下落的苹果、被抛出的球受重力影响而运动，若这一切都因时空而扭曲，它们为何不会朝着错误的方向下落呢？

时空扭曲如何影响球的运动呢？实际上，球能敏锐地感知时间流逝的差异，并据此决定自身运动轨道（当球的速度远低于光速时，空间拉伸的影响几乎可忽略不计）。以接球过程为例，球从投球手手中出发，会沿某条轨道向接球手移动。从投球手到接球手间存在无数可能的轨道，其中甚至包括一些在物理上不可能存在的轨道。

球沿某条轨道从出发到抵达，这一过程中球会经历时间的流逝，就像它会“变老”几秒钟。根据广义相对论，球“变老”的程度取决于所选的轨道，且球经历的时间与投球手、接球手所经历的时间并不相同。对球来说，存在一条使其最易“变老”的轨道，这与对投球手或接球手而言耗时最长的轨道不同。若让球与时钟一同沿轨道移动，移动过程中能使时钟指针转动最快的轨道，就是球最易“变老”的轨道。

当球靠近地面运动时，因离地球较近，时间流逝得慢，球“变老”程度较小。若球选择离开地球，在高空飞行的轨道，因需要更快的速度，根据相对论会出现时间延迟，球“变老”程度同样较小。综合来看，抛物线轨道是球最易“变老”的轨道，也是球实际选择的运动轨迹（图2-3）。

球、苹果和月球在重力作用下运动，本质上是在重力影响下选择了一条轨道。因此，如果物理学理论能够解释为何选择某条轨道，就能解释重力效应——物体选择轨道的规则，就是重力法则。根据广义相对论，球、苹果和月球所选择的轨道都是最易“变老”的轨道。在伸缩、扭曲的时空中，物体描绘出的最易“变老”轨道，就是受重力影响的物体的轨道。在太阳周围的时空中，轨道呈椭圆形，而在地球表面，则呈抛物线形。这便是广义相对论解释物体在重力场中运动的原理，也是不借助数学公式对广义相对论的通俗表述。

值得注意的是，对于地表上球的运动，无论是用广义相对论来预测，还是用牛顿的万有引力定律来计算，都会得到相同的轨道。广义相对论和牛顿万有引力定律的差异，仅在物体速度接近光速、光本身的轨道，或是处于极强引力场（如黑洞，连光都无法逃脱其引力束缚）等极端情况下，才会显著体现。

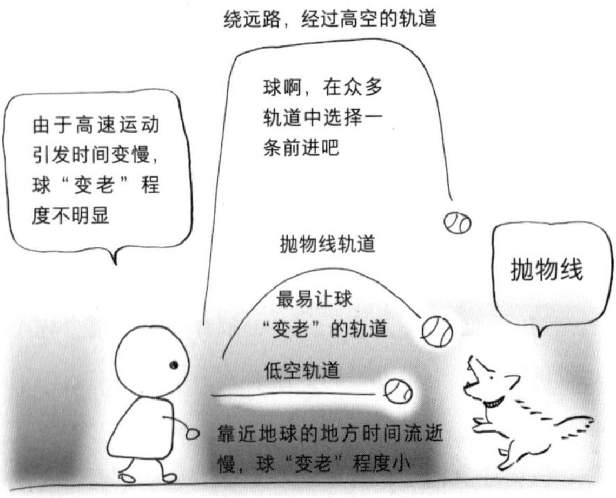

图 2-3 球会沿着使其最易“变老”的轨道运行。

连光都无法从黑洞中逃脱

连光都无法从黑洞中逃脱，这究竟是什么意思呢？我们可以先从日常生活中的现象说起。在地球上向空中抛出一个球，我们会看到球上升的速度逐渐减慢，到达最高点后开始下落，几秒后落回地面。这是重力作用的结果。在地球表面，物体上升的速度约减少10米/秒。这个规整的数值让相关计算变得简便，每次计算时，都会让人感叹大自然的“贴心”。

如果球被抛出的速度更快，它上升的时间就会更长，达到的高度也更高，例如，擅长投掷的人大约能以40米/秒（时速144千米）的速度把球向上抛出。在这种情况下，球会在4秒内上升到约80米的高度，然后再用4秒落回地面。不过，若球被投得更快，情况就不同了。随着离地球越来越远，重力逐渐减弱，球的减速程度也会变小。

例如，当球能升到2 600千米的高空时，那里的重力加速度只有地表的一半，球的上升速度每秒仅减少5米。要让球达到这个高度，初速度必须达到6千米/秒，这远超人类手臂的力量，需要借助其他工具来抛出。

倘若初速度更快，球就能飞得更远，重力进一步减弱，速度下降得越来越慢。当球的初速度超过11千米/秒时，它将彻底摆脱地球引力的束缚。虽然它的速度仍会逐渐降低，但永远不会降到零，而是会一直向上飞行，再也不会回到地球表面。物体摆脱天体引力束缚所需的速度，被称为“逃逸速度”。

掉落也需要无限的时间

逃逸速度因天体而异。天体的质量越大，半径越小，逃逸所需的速度就越快。例如，太阳表面的逃逸速度约为600千米/秒，目前人类开发的任何载具、火箭或子弹都无法从太阳表面脱离。而日本2014年发射的小行星探测器“隼鸟2号”所探测的“龙宫”小行星，直径约为900米，它的逃逸速度约为37厘米/秒，比步行速度还慢。如果《小王子》中的主人公降落到“龙宫”，轻轻一跳就能脱离小行星。

黑洞是一个逃逸速度超过光速的天体。由于根据现有物理理论，无法将有质量的物体加速到光速以上，这就意味着没有任何东西能从黑洞中逃逸。在黑洞附近，无论以多快的速度抛出球，或者发射任何光线，都无法摆脱黑洞的引力。球和光线都会沿着曲线回到黑洞。尝试在黑洞附近做实验的人，将永远无法返回报告结果，也无法通过通信传递信息。这种强大的引力超出了牛顿万有引力定律的解释范畴，因此，黑洞的性质需要通过爱因斯坦的广义相对论来解释。

在黑洞附近，空间被剧烈拉伸，时间变得极为缓慢，广义相对论效应表现得极为强烈。因此，如果观察物体向黑洞掉落的过程，会发现这个掉落过程需要无限长的时间。物体下落的速度会逐渐变慢，并在离黑洞中心一定距离的地方仿佛“停止”。这一切实在令人难以想象。

当你轻松抛出球时，时间突然变慢，物体的下落也仿佛停滞。黑洞的相关议题总是充满了超乎常理的复杂性。

从这里开始就再也无法返回了——“史瓦西半径”

黑洞相关理论中，“史瓦西半径”和“事件视界”是两个重要概念。对非旋转的黑洞来说，史瓦西半径所对应的球面就是事件视界；而对于旋转的黑洞，两者存在差异，不过本文暂不深入探讨这种区别。

史瓦西半径界定了一个特殊的边界，在这个边界上，物体的逃逸速度达到了光速。当物体朝向黑洞掉落时，从远处观察者的视角来看，受强大引力引发的时间膨胀效应影响，物体会出现接近事件视界的过程越来越慢的现象，仿佛永远无法真正抵达事件视界。但从物体自身的参考系出发，它会在有限时间内穿过事件视界。一旦物体进入事件视界，就会被黑洞的引力牢牢捕获，再也无法从黑洞内部逃出，也无法与外界进行信息通信。这是因为在事件视界内部，所有路径都指向黑洞中心，就连光也无法逃脱。正是基于这样的特性，这个边界被赋予了“事件视界”这一富有诗意的名称，意味着在该边界之外，人们无法观测到边界内发生的任何事件。

史瓦西半径的计算公式为：天体质量的2倍乘以引力常数G，再除以光速c的平方。

$$r=\frac{2GM}{c^2}$$

通过使用这两个基础物理常数来定义史瓦西半径，不仅是本书阐释物理概念的典型示例，也体现了利用基础物理常数解读宇宙奥秘的思路。由于引力常数G数值极小，而光速c又极其巨大，通过上述公式计算出的史瓦西半径通常是一个非常小的值。

制造黑洞的方法

从理论原理来讲，制造黑洞的方法是将地球、太阳或其他物体压缩，使其半径缩小到史瓦西半径以下。以太阳为例，其史瓦西半径约为3千米，仅为目前太阳尺寸的二十万分之一。若将太阳压缩到如此程度，就能形成黑洞。地球的史瓦西半径更小，仅约9

毫米，也就是说，若把地球压缩到玻璃弹珠般大小，物体要从这里逃逸就必须达到光速，同时还会出现类似下落停止等奇异现象。不过，以人类现有的技术，想要将地球、太阳或任何其他物体压缩到如此小的程度，是不可能的。即使在自然界中，这种现象也极为罕见，在银河系内，此类事件平均每100年发生不到一次，偶尔会有恒星在特定条件下被压缩从而演变为黑洞。

要将像恒星这样的庞然大物压缩到原尺寸的二十万分之一，需要一股极其强大的力量，而这股力量正是重力。恒星最初由宇宙中的稀薄气体聚集而成，在重力作用下逐渐变得更为致密。在恒星的生命历程中，内部气体产生的压力与自身重力相互对抗，维持着恒星的稳定形态。

气体压力与温度密切相关，温度越高，压力越大，温度降低时，压力也随之下降。恒星内部持续进行的核聚变反应为气体提供热量，使其保持高温，这也是恒星能够长期维持稳定的关键。但当恒星内部的核反应停止，失去热源后，便会走向衰退。

恒星失去热源后的命运主要有三种：质量相对较轻的恒星在耗尽燃料后会变成“白矮星”，这是一种体积小、亮度暗的星体；质量较重的恒星会经历剧烈的收缩，变成更加致密、暗淡的“中子星”。这种剧烈收缩源于重恒星内部核反应在最后阶段迅速停止，引发突如其来的塌缩（这种现象被称为“引力坍缩”），而质量更大的恒星在经历引力坍缩后，会形成最为神秘且黑暗的天体——黑洞。

在引力坍缩过程中，未被用作形成黑洞（或中子星）的物质会喷射到宇宙空间中，引发“超新星爆炸”。超新星爆炸堪称宇宙中最为强大的爆炸现象，爆发时其闪耀的光芒可与整个星系相媲美。人类也正是通过观测超新星爆炸，得以窥见黑洞（或中子星）诞生的过程。

宇宙的形状是什么样的

1915年，爱因斯坦发表广义相对论后，开始运用这一理论对宇宙整体的形状和变化展开研究，“宇宙学”这一学科也由此诞生。那么，宇宙究竟是什么形状的？这是一个极其抽象、难以想象的问题，科学家们又该如何开展研究呢？

在广义相对论诞生之前，关于宇宙形状及其成因的探讨大多停留在神话传说或童话想象的范畴，没人知道该如何用科学方法解决。但爱因斯坦敏锐地意识到，广义相对论正是理解宇宙起源的关键工具。起初，爱因斯坦假设宇宙的体积有限且恒定，即宇宙在时间维度上不发生变化，未来和过去始终保持一致（时至今日，关于宇宙是否有限，科学家们尚未达成共识。而对于宇宙是否恒定，科学家们已有明确认知。不过，作为开创性学科的基础性工作，爱因斯坦的探索无疑具有伟大的历史意义）。

爱因斯坦所设想的宇宙形状是“S^3”形态

这里稍微解释一下有限空间的概念。不过即使不借助数学公式，也能尝试去把握（当然，这并不意味着无须公式就能轻松领会）。我们日常熟悉的三维空间具有长、宽、高三个维度，数学上常用“流形”这一术语进行更为精确的探讨，这里我们仅作通俗阐释。

有限的三维空间存在多种形式，爱因斯坦设想宇宙形状采用的是“S^3”形态。许多人会把“S^3”误读作“埃斯桑”（类似星新一[1]微型小说中的人物名）。在日本教材中，它有着“四维中的超球面”“三维的超球面”“三维球面”等不同叫法，为避免混淆，这里我们统一称其为“S^3”，后续这一表述会频繁出现。简单来说，S^3宇宙是有限的，即它的大小是有限的。在这样的宇宙中，若沿着某个方向持续前进，最终会回到起始点。

假如我们朝向仙女座星系的方向进发，250万光年后就能抵达仙女座星系。穿过该星系继续前行，便会离开银河系与仙女座星系所属的“银河星团”，进入一片近乎空无一物的区域，那里没有星星、氢原

[1] 星新一，日本著名科幻小说家，擅长微型小说，被誉为“日本微型小说之神”。代表作包括《恶魔天国》《人造美人》等。

子，也没有暗物质（虽然根据相对论，光速无法被超越，但为了说明S^3宇宙的特性，我们在此假设能进行超光速宇宙旅行）。无论这个宇宙是否为S^3形态，这段旅程的前半部分都是相同的。

若宇宙真的是S^3形态，接下来的旅程就会展现出独特之处。在穿越众多星系后，我们最终会看到前方出现一个大型螺旋星系。在这个星系的一角，有一颗伴随着8颗行星的恒星，从内侧数第三颗行星呈现出令人熟悉的蓝色——我们回到了地球。

在S^3宇宙中沿着直线前进，走过一定距离后就会绕回原点，这与在球面上行走最终回到起点类似（实际上，球面是有限的二维空间，被称为“S^2”）。既然沿着直线走会回到原处，那么发出的光在传播足够长的时间后，同样会回到起点。所以，若使用一台高性能望远镜观测天空，并等待足够长的时间，让光环绕宇宙一周后返回，我们就能看到自己。爱因斯坦曾用“如果通过望远镜看宇宙的远方，你会看到自己的后脑勺”来生动描述这种现象，这是对S^3宇宙特性的精妙诠释（图2-4）。

在S^3宇宙中，沿着直线前进一段距离，就会绕宇宙一周回到原点。使用望远镜观察宇宙的远方，你可以看到自己后脑勺

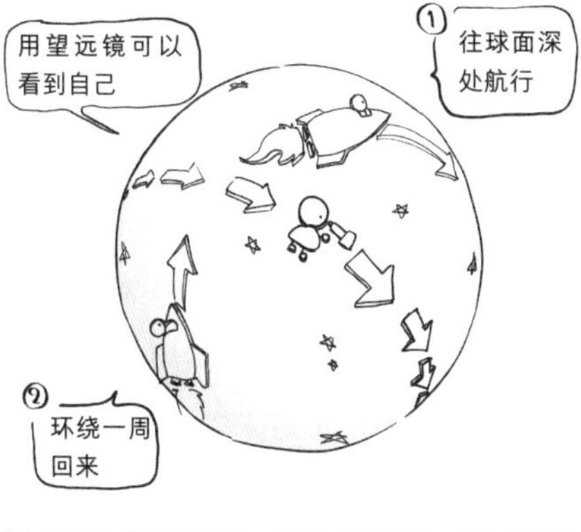

这与在球面上前进类似，沿着球面行进一段距离后也会回到起点。球面作为有限的二维空间，被称为“S^2”

图2-4 S^3宇宙。

宇宙有多大

环绕S^3宇宙一圈的距离，能够用来衡量宇宙的大小。在早期，人们对宇宙的认知有限，曾一度将银河系视作整个宇宙。因此，爱因斯坦在设计S^3宇宙模型之初，也将银河系的尺度等同于整个宇宙。按照这个模型，从地球出发环绕宇宙一周，经历10万～20万光年便可回到地球。

1924年，美国天文学家埃德温·哈勃发现位于银河系以外的仙女星系，其恒星数量与银河系相当。这一发现让人类意识到，宇宙远大于银河系，银河系和仙女星系只是宇宙中无数星系的一部分。根据最新的观测结果，包含众多星系和星系团的宇宙空间半径超过500亿光年，若环绕S^3宇宙一周，距离将超过1 000亿光年，而且宇宙的实际范围可能更为广阔。

无论宇宙的尺度是10万光年还是500亿光年，只要假定宇宙的形状是S^3，我们就能够将这些数值和相关信息代入广义相对论的方程，进而计算宇宙的时间变化。爱因斯坦（大概是怀着激动的心情）进行了计算，但当他看到计算结果时，却陷入了困惑。因为方程的解呈现出多种情况，有的预示宇宙会坍缩，有的表明宇宙会无限膨胀，这些结果都不符合他的预期。

爱因斯坦始终坚信宇宙是恒定不变的，在他的观念里，宇宙永远存在于过去和未来。当得知广义相对论方程没有符合他设想的解时，他对该方程进行了修改。通过添加一个常数项，使得稳定不变的宇宙成为方程的一个解。这个被添加的常数项被命名为“宇宙项”，而基于修改后方程得出的稳定宇宙解，被称为“爱因斯坦宇宙解”。1917年，爱因斯坦发表了人类历史上第一篇关于宇宙学的论文，开启了宇宙学研究的新篇章。

宇宙学的蓬勃发展

爱因斯坦的宇宙解，只是广义相对论方程众多解中的一个，这意味着该方程还存在大量其他解 。就像数学方程 $x^2 = 1$ 有1和 -1两个解一样，广义相对论方程在数学层面上也有多个解。但在实际问题中，如计算“面积为1平方米的正方形的边长”只有1米是符合现实的正确解，-1米则不符合实际情况。

同样，尽管广义相对论方程在数学上有众多解，但能准确描述宇宙现实的解仅有一个。那么，如何找出这个正确的解呢？科学家们采用观测验证的方法：将与观测结果相悖的解排除，保留符合观测结果的解，并且这些被保留下来的解还会随着未来更多的观测数据进一步接受检验。爱因斯坦的宇宙学论文点燃了全球科学家的研究热情。他们纷纷投身于这个全新的研究领域，不断探索并找到了许多不同的解。

在科学家发现的各种解中，甚至存在爱因斯坦未曾考虑到的情况——描述宇宙将会坍缩或不断膨胀的解。事实上，这类解更为常见。有趣的是，对于那些不认同宇宙是恒定不变观点的研究者，爱因斯坦并不喜欢，甚至还抱怨他们缺乏物理学常识。

其他星系正在迅速远离吗

在美国的威尔逊山天文台，哈勃利用这里的大型望远镜持续进行天文观测。此前，哈勃已经发现银河系之外还存在其他星系。威尔逊山天文台配备了一台直径达2.54米的巨大反射望远镜，为精确测量远处星系的距离提供了有力工具。

在成功测得星系的距离后，哈勃进一步利用多普勒效应（具体测量原理在此暂不展开）测量了这些星系的速度。令他大为吃惊的是，几乎所有星系都在远离银河系。而且距离越远的星系，逃离的速度越快。1929年，哈勃据此正式提出宇宙正在不断膨胀的理论，这一发现彻底改变了人类对宇宙的认知。

70亿年前，宇宙只有现在的一半大

哈勃发现宇宙正在膨胀，这一重大发现证实了现实宇宙符合广义相对论中关于膨胀的解，同时也使得爱因斯坦提出的静态宇宙解等其他模型被排除。宇宙的膨胀现象表明，过去宇宙的规模要比现在小得多。假设现在宇宙的周长为1 000亿光年，沿着某个方向行进1 000亿光年后能回到原点，那么在过去，宇宙的周长必然更短。

根据最新的宇宙膨胀率测量值估算，大约70亿年前，宇宙的周长约为现在的一半，即500亿光年左右。若进一步追溯到100亿到150亿年前，宇宙的大小趋近于零。这意味着宇宙并非恒定不变，而是从一个极其微小的状态逐渐演变而来。这正是哈勃发现的重要意义所在。

尽管如今历史已证明哈勃这一发现的重要性，但在当时，它并未立即得到广泛认可。其中一个关键原因在于，即便使用当时最先进的望远镜，其性能依然存在局限，导致哈勃常数的测量难度极大。因此，哈勃最初测得的宇宙膨胀率（哈勃常数）比后来更精确的测量值高出约7倍。若依据哈勃当时给出的值计算宇宙年龄，结果约为20亿年，这比通过地层研究测得的地球年龄还要短，显然缺乏足够的说服力。

从科学界意识到膨胀解能够描述宇宙的现实解，到“宇宙在过去某个时刻爆炸性诞生”这一观点被广泛接受，经历了漫长的时间，其间需要更精确的哈勃常数测量结果。几代科学家持续探索，才推动了这一认知的发展。至此，广义相对论作为研究宇宙形状和时间变化的有效工具的结论得以明确，通过观测数据来确定适用于宇宙具体解的研究方法也逐渐形成。宇宙学作为一门独立学科正式开启了新的时代。

如今，哈勃常数等关键物理参数已被精确测定。将这些参数代入广义相对论方程，我们计算得出宇宙的年龄大约为138亿年。

持续膨胀的宇宙

既然宇宙不是静态的，按照最初的理解，爱因斯坦在方程中加入的宇宙常数似乎不再必要。然而，后续的研究却发现，宇宙常数出于其他原因变得至关重要且不可或缺。

20世纪末，天文学家通过精确测量遥远星系与地球之间的远离速度，惊讶地发现宇宙的膨胀速度并非恒定，而是在逐渐加速。这表明，描述宇宙现实的解是一个加速膨胀的解，而这种解恰恰是通过包含宇宙常数的方程推导得出的（宇宙常数的取值决定了宇宙是保持恒定，还是加速膨胀）。

但令人困惑的是，宇宙常数在物理学上究竟代表着什么，至今尚无定论。宇宙常数不为零，意味着在曾经被认为空无一物的真空空间里，实际上充满了一种未知的能量。科学家将这种此前从未被发现的“看不见的能量”命名为“暗能量”，然而，关于它的本质，我们仍然一无所知。自20世纪末暗能量概念提出后的20多年里，相关研究进展缓慢，它依旧充满谜团。

除了暗能量，宇宙中还有很多未解之谜。例如，宇宙的体积是有限的还是无限的？若是有限的，它是否呈爱因斯坦曾设想的S^3形，其大小又是多少？目前我们仅能确定，宇宙的可观测范围大约是以466亿光年为半径的区域，在这个范围之外，或许存在与我们已知宇宙相似的空间。那么，若继续向前行进，能否像在S^3宇宙中那样绕一圈后回到地球？又或者，宇宙实际上无限广阔，无论走多远都无法回到原点？这些问题至今没有答案。此外，即使我们接受宇宙始于138亿年前这一观点，那在宇宙诞生“之前”又是什么样的状态呢?

从广义相对论的角度来看，在某些膨胀宇宙解中，时间从“时刻零”开始，“之前”的概念无法定义。但大多数科学家认为，广义相对论可能并不适用于宇宙诞生的“时刻零”。随着对宇宙理解的不断深入，我们反而面临着更多未知。这不禁让人怀念牛顿时代，那时人们认为宇宙如同钟表般精确运转，能用一套简洁的法则进行描述。

如果重力变得更强，人类将在0.5毫秒内消失

在本章中，我们探讨了微弱的引力常数G如何塑造宇宙，以及人类是如何逐步理解这一过程的（或者说如何意识到自己对某些事情的无知）。接下来，我们通过一个总结性的思考，讨论如果引力常数增大，宇宙会发生怎样的变化。

假设从明天开始，引力常数G变为原来的100万倍。新的引力常数达到$G = 6.674\ 30 \times 10^{-5} N \cdot m^2/kg$。

由于G原本就极其微小，即使增大100万倍，与其他力相比，它依然称不上强大。例如，将电子和质子之间的引力增大100万倍，也仅仅是它们之间电磁力的 4×10^{-34} 倍。这意味着这种变化不会对原子结构、分子结构等微观层面产生影响。

然而，100万倍的重力对人类生活的影响将是毁灭性的。首先，周围物体对人体的引力将变得可以感知，如一辆质量为1吨的汽车在距离一个体重50千克的人1米远时，其产生的引力约为3牛顿。这大致相当于在正常重力下举起一杯啤酒所需的力。

地球的重力加速度通常约为10米/二次方秒，在引力常数增大100万倍的情况下，重力加速度将飙升至1 000万米/二次方秒，这一数值已接近白矮星表面的重力强度。倘若你对这个概念没有直观的感受，不妨想象白矮星的尺度就像东京巨蛋一样，远超我们日常生活中的常见物体。

当重力加速度达到1 000万米/二次方秒时，从1米高的地方摔落所产生的能量，相当于在正常重力下从1 200千米的高空坠落。也就是说，跌倒将变得致命，人体会像水一样摔得粉碎。而且，由于体重增大100万倍，人类根本无法站立，身体的各个部位都会迅速朝着地面下坠。在这种重力下，从1米的高度摔至地面仅需0.5毫秒。换言之，若从明天0点起，重力变为原来的100万倍，地球上的70亿人将在0.5毫秒内化为一摊血水。

重力增强还会影响天体的运行。落地速度加快意味着月球和人造卫星的轨道运动也会加速。假设月球的轨道半径不变（月球不会与地球相撞），那么公转周期将缩短至40分钟，原本一个月的月相变化将在40分钟内完成。

同样，地球绕太阳公转的周期——1年，将缩短为8小时46分钟。由于地球自转周期比公转周期还短，从地球上观测，太阳将主要由地球公转产生动力，呈现出从西方升起，东边落下的现象，周期大约为10小时。侥幸存活的人类将不得不重新制定日历。

黑色太阳出现

每当听说太阳不停地升起又沉落，人们脑海中往往会浮现这样的景象：明亮的白天与黑暗的夜晚每隔几小时就交替出现。但在重力变为原来的100万倍的宇宙中，实际情况并非如此，因为我们的太阳将会变成黑洞。

当引力常数增大100万倍时，天体表面逃逸物体的逃逸速度将提升1 000倍。目前太阳表面的逃逸速度约为600千米/秒，增加1 000倍后将超过光速。此时，太阳表面的光无法逃逸，太阳就此变成黑洞。原本明亮的太阳消失不见，取而代之的是一个黑暗的天体，在宇宙中犹如形成了一个空洞。白天与黑夜的交替将不复存在，天空将永远漆黑，唯有黑色的太阳和黑色的月亮每隔几个小时划过天际。

在当前宇宙中，与太阳相同质量的黑洞半径大约是3千米，肉眼难以察觉。但在引力常数变为原来的100万倍的宇宙中，具有太阳质量的黑洞半径将达到300万千米，比现在的太阳还要大，肉眼可见。这个处在太阳位置、半径为300万千米的黑洞，被微弱的光环包围，形成一个漆黑的天体。虽然它光线昏暗，但仔细观察，仍可借助其背后的星星发现它的存在。

行星无法长久存在

尽管黑洞的存在曾引发长期争论，但在重力变为原来的100万倍的宇宙中，黑洞现象可被肉眼直接证实，广义相对论的诸多预言也更容易得到验证，“引力波”便是一个典型例子。引力波是时空的波动，在现实宇宙中，从理论提出到真正探测到引力波花费了100年时间，而在重力增强100万倍的宇宙里，这种在现实中极难验证的现象却会随处可见。

倘若太阳的重力增强到100万倍，且地球等行星的轨道半径保持不变，它们仍会以极快的速度绕太阳公转。然而，这种状态不会持续太久。围绕已变成黑洞的太阳公转的行星，会不断发射引力波。根据广义相对论，引力波的发射会导致行星逐渐失去能量，进而使其轨道半径缩小，最终被太阳吞噬。

通过计算可知，以当前单位衡量，水星的轨道半径将持续缩小，大约2万年后就会被太阳（此时已是黑洞）吞噬（由于此时太阳的史瓦西半径较大，潮汐力较弱，水星被吞噬时不会被撕裂，而是直接被整个吞没，不会形成吸积盘，也不会发出可见光或X射线）。

水星之后，其他行星也难逃被吞噬的命运。地球大约需要5万年，木星大约需要10万年，最终所有行星都会被“黑洞太阳”吞没。由此可见，在重力100万倍的宇宙中，行星难以长存。

宇宙将以与现在不同的原理发光

重力在宇宙中起着支配作用。一旦引力常数发生变化，我们熟知的恒星、行星及X射线双星系统等天体可能就不复存在了。不过，在引力常数不同的宇宙中，或许会出现一些不同发光机制的天体。例如，可能存在因重力收缩而发光的气体云。正如之前所阐述的那样，恒星最初由宇宙空间中稀薄的气体在重力作用下聚集、收缩，温度升高引发核聚变反应而形成。

在引力常数为原来的100万倍的宇宙中，气体云若缩小到现实宇宙中恒星的大小，会迅速坍塌成黑洞，无法发光。但如果气体云无须缩小到那般程度，只要发生收缩，其重力势能就会转化为热能，使气体云升温并以光的形式释放能量。经简单估算，在重力变为原来的100万倍的情况下，气体云释放的能量也会相应增加100万倍。这些能量既能照亮宇宙空间，又能为类似行星的天体供热，或许会让宇宙呈现出别样的明亮与活力。

复杂且难以预测的“恒星演化”

我们暂时回归现实宇宙，谈谈恒星演化相关内容。研究重力作用下气体云最终形成何种天体的过程，被称为“恒星演化”（需要注意的是，在生物学中，“演化”指的是生物种群的变化，而在天文学中，“演化”针对的是恒星个体的变化，两者的含义有所不同。说到“演化”，它更接近于游戏或文学创作中所指的生物形态或能力发生变化的现象。虽然游戏或文学创作常常会滥用“演化”一词，但作为天文学研究者，我在这里想告诉大家的是，我们确实在进行这样的研究）。而且，恒星演化是一种极为复杂、难以预测的现象。

恒星的主要构成物质是氢气，其中还略微掺杂一些氦气。根据牛顿重力法则，这些物质会聚集在一起形成恒星。从表面上看，这个过程似乎相当简单，甚至让人觉得通过分析气体变化就能预测恒星演化。人们通常认为，气体量决定恒星种类，气体多会形成大质量恒星，气体少则形成小质量恒星。

但实际情况是，恒星群体特征千差万别：有的膨胀，有的收缩，还有的出现脉动现象。恒星内部最初的氢气和氦气，会逐渐演变为碳、氧、硅和铁等元素，并在恒星内部形成不同层次，构建独特的内部结构。最终，这些恒星的命运也各不相同，有的收缩坍塌，有的爆炸。它们的寿命并非单纯取决于初始气体量，少量气体形成的恒星可能寿命更长，而大量气体形成的恒星反而可能提前走向终结。这些复杂多变的过程，让恒星演化充满了不确定性。

正因恒星的演化过程如此复杂，对天文学家来说，除非是专门研究恒星演化的学者，否则很难清晰阐述某一质量的气体最终会演变成何种恒星，以及其完整的生命周期。

这种复杂性正是世界的本质特征之一：即使是最简单的物质，经过复杂的过程也能产生出难以预料的结果。因此，考虑到宇宙的这一特性，即使在引力常数不同的宇宙环境中，气体云也可能演化出多种多样的天体。而要精确预测这些演化过程，几乎是不可能完成的任务。

除了上述内容，在重力为原来的100万倍的宇宙中，还可能发生诸多其他变化。例如，银河系的中心可能演变成一个超巨大的黑洞，我们甚至可能处于这个黑洞内部，宇宙的膨胀速度也可能变慢……此类的变化数不胜数。好了，是时候进入下一个主题了。

接下来，我们将讨论电子和质子的电荷e。

03

★

通过电子电荷量e了解基本粒子

电磁现象是由电子和质子引起的

虽然本书主要介绍物理常数，但在此，我想先讲讲“电子”这个微小粒子的故事。电子携带的电荷量-e是本章的主角，从某种意义上说，质子所带的电荷量+e也与之紧密相关。

我们身边的所有电磁现象，追根溯源，都是由电子和质子这两种粒子引起的，其中电子的作用尤为显著。在干燥的环境中，毛衣发出噼里啪啦的声响、洗衣机嗡嗡运转、我们通过电子屏幕阅读文章，在这些场景中都有电子在流动、跳跃并发挥作用。那么，我们是不是只要透彻了解电子（及质子），就能理解身边所有的电磁现象了呢？事情远没有这么简单。

将电现象和磁现象统一起来的学科被称为“电磁学”，但令人意外的是，电磁学定律中并未对电荷量e做出具体规定。无论e的取值是多少，也不管它是正值还是负值，都不会影响电磁学定律。这意味着，即使深入探究e的值是如何形成的，我们也无法从中推导出电磁学的定律。

本书旨在通过理解物理常数来认知世界，但e是个例外，仅从e出发，无法推导出电磁学的定律，在此向大家表示抱歉。

那么，从e出发，我们能了解到什么呢？事实上，从e出发，我们能够获取关于构成宇宙的基本粒子的一些重要信息。接下来，我们就从电磁学入手，逐步深入讨论。

测量电量

电看不见、摸不着，抽象而难以理解。在干燥的天气里，毛衣突然“啪”地作响，头发会竖起来，这就是电在发挥作用。同样，洗衣机转动、电车行驶、用手机发送信息，也都离不开电。然而，竖起的头发与手机屏幕上显示的画面，看似毫无关联，究竟是什么样的“电”能同时引发这些现象呢？

在人类历史的漫长岁月里，电多数时候只是偶尔“啪”地响一下，不仅没有什么用处，甚至可以说是个恼人的存在。直到近100年，电才摇身一变，成为驱动洗衣机、电车和手机的得力助手，为人类所用。

人类对电的第一个重要认识是：电可以在物体间流动，并且带电物体之间会产生相互吸引或排斥的现象。例如，用塑料尺摩擦后，带电的头发会因同种电荷互相排斥而分开。与此同时，尺子也携带了电，它的电荷与头发的电荷相互吸引，头发就会朝着尺子的方向竖起。由此看来，电分为两种类型，同种电荷相互排斥，异种电荷相互吸引（图3-1）。

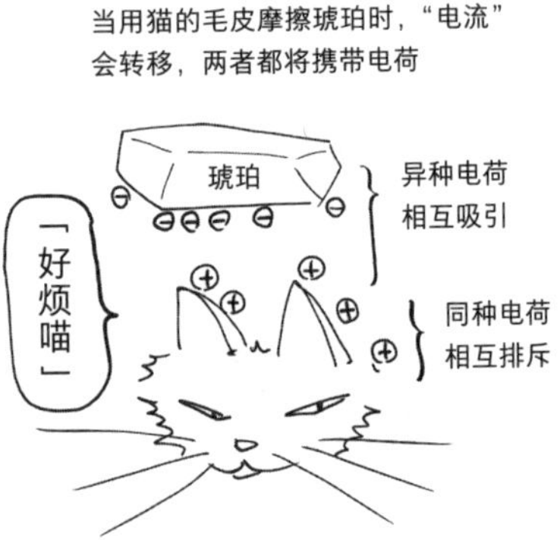

图 3-1 电的性质。

利用电的这一特性，我们能够测量电量，原理类似利用地球引力测量物体质量。具体来说，假设两个相距1米的物体带有相同的电量（通过某种方式使它们带电）。如果它们之间的相互排斥力为10^{-10}牛顿，我们就把它们所带的电量标定为1库仑（C）。电量被称作“电荷”。电荷的单位“库仑”源于法国伟大科学家查利·奥古斯丁·库仑。1785年，库仑测量了电荷之间的作用力，并揭示了相关规律，即“静电力”或“库仑力”，本书将其简称为“电力”。

值得一提的是，在通过引力常数G了解宇宙的结构那一章提到的卡文迪什，其实比库仑更早发现了这个规律，但他不擅长宣传自己的成果，一直未公开发表，因此发现“库仑定律”的荣誉便归属于库仑。如果卡文迪什当时发表了这一成果，电力法则或许会被称为“卡文迪什法则”，电荷的单位可能也不再是库仑，而是“卡文迪什”。不过，“库仑”这个名字比卡文迪什更容易发音，作为单位名也更合适。

电子的电荷量e是 $-1.602\ 176\ 634 \times 10^{-19}$C

日常生活中的各种电气现象，都是由电子和质子引发的。作为原子的组成部分，电子和质子无处不在。仅在我们的身体中，就大约包含着10^{27}个电子和质子。它们存在于原子内部（图3-2）。

原子的中心存在一个被称为“原子核”的粒子，它由质子和中子相互结合而成。原子本身已是非常微小的粒子，而原子核的大小仅有原子的几十万分之一。尽管原子核如此微小，却几乎集中了原子的全部质量。相比之下，电子的质量约为质子的一千八百分之一，这些质量较轻的电子围绕着较重的原子核不断旋转。

若用电荷单位库仑来表示，电子携带的电荷为 $-1.602\ 176\ 634 \times 10^{-19}$C，质子携带的电荷为 $+1.602\ 176\ 634 \times 10^{-19}$C。虽然两者的电荷符号相反，一个带负电荷，一个带正电荷，但它们电荷的绝对值大小相等。与它们不同，中子不带电荷，在电磁学领域呈电中性，这也是它被命名为“中子”的原因。

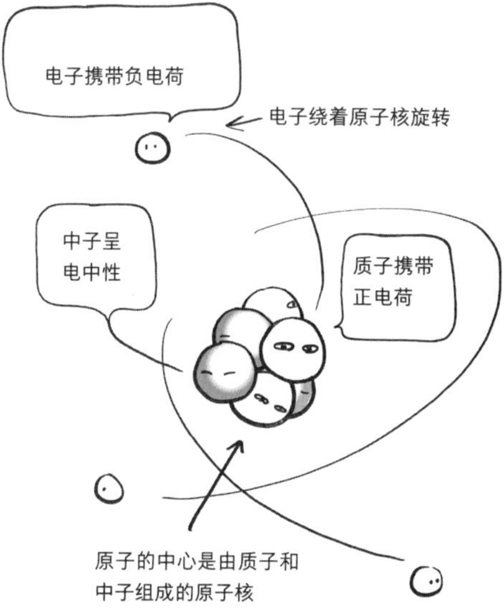

图 3-2 原子中包含的电子和质子。

至于电子和质子的电荷为何大小相同却符号相反，目前科学界尚无定论。对于这两种不同粒子电荷绝对值相等、符号相异的现象，至今都没有一个能令人完全信服的解释。不过，正是因为电子和质子的电荷大小一致，在含有相同数量的电子和质子的原子中，正负电荷相互抵消，使得原子整体呈电中性，这也是现实世界中原子的常态。

电磁现象的成因：电子的“脱落”

电子有时会从原子中“脱落”出来，在周围空间中游走。电子脱落后，原本的原子中质子数量多于电子，从而带有正电荷。实际上，几乎所有的电气现象都源于这种“脱落”现象。

当电火花飞溅或有电流通过时，其中流动或飞散的主体正是从原子中脱离的“自由电子”。由于质子及包含质子的原子核的质量远远大于电子，且往往被固定在物质内部，所以在大多数电气现象发生过程中，它们几乎保持不动（当然，在某些特定情况下也会动）。

以空气为例，它由四处飘浮的氧分子和氮分子组成，内部大部分空间近乎真空。这里并非自由电子能轻松穿过的环境，但在强电力的作用下，电子会被驱动并强行穿过空气，进而引发静电火花。在这个过程中，电子会撞击氧分子和氮分子，并将这些分子上的电子击飞，同时释放出光和热，于是我们能听到“啪”的声响，甚至感受到刺痛。

再比如金属，它是由金属原子构成的晶体结构，对电子来说，这种结构充满了间隙。当大量电子在金属原子间隙中游走时，金属中就会形成电流。无论是电子一边碰撞原子一边强行穿过，还是在间隙中移动，一旦电子群开始出现定向移动，便形成了电流（需要说明的是，“电流流动”这种表述，如同说从马背上“坠马”一样别扭，所以我个人不太喜欢使用。不过在日常生活中，这种说法很常见，很多教材也毫无顾忌地使用。在本书撰写过程中，若不小心用到，还望读者谅解，毕竟写作时难免会有匆忙疏忽的时候）。

让孩子们远离物理学的“始作俑者”之一

由于电子带有负电荷，所以电子的流动方向与电流方向是相反的——电流从电池正极流向负极，而电子则从负极流向正极（图3-3）。这个说法着实令人困惑。许多学习电学的初学者，常常会因电流与电子之间这种复杂的关系而感到迷茫。但如果不能理解这一点，后续相关知识的学习将变得十分困难。相信不少读者都有过这样的感受。

在学校学习这一知识点时，陷入迷茫的学生不计其数，估计全世界有数十亿人。许多学生或许就在这个时候放弃了物理学的学习。试想，如果电子的电荷是正的，电流方向和电子的移动方向一致，类似的困惑就不会出现，或许会有更多学生能够顺利理解物理学知识。

那么，为什么会出现这样令人困惑的情况呢？实际上，电子的流动方向与电流方向相反是有原因的。而将电子电荷设定为负电荷，造成这一混乱局面的“始作俑者”，正是美国政治家兼科学家本杰明·富兰克林。

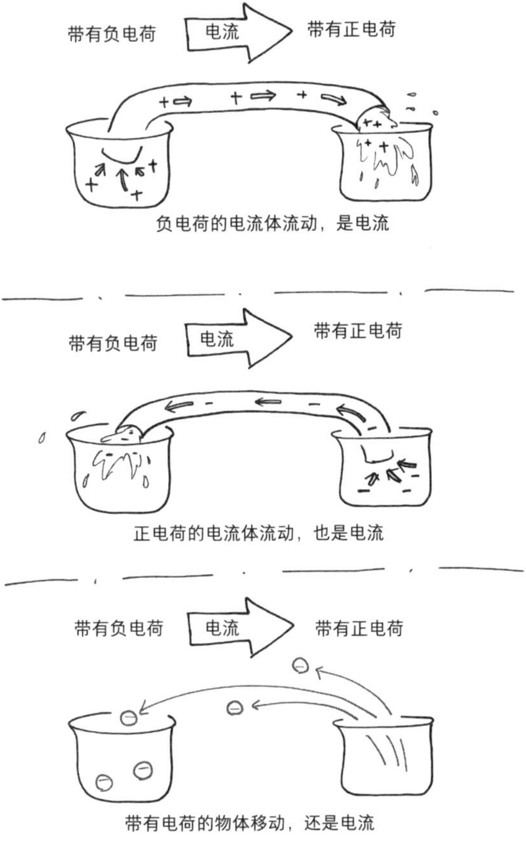
带有负电荷
电流
带有正电荷
负电荷的电流体流动，是电流
带有负电荷
电流
带有正电荷
正电荷的电流体流动，也是电流
带有负电荷
电流
带有正电荷
带有电荷的物体移动，还是电流

图3-3 电流。

富兰克林的风筝

富兰克林是美国独立战争中的关键人物，在历史课本中占据重要地位。独立战争期间，他凭借卓越的外交才能，成功说服法国贵族和知识分子，为美国争取到了法国的有力支持。当时，富兰克林因电学方面的研究成果而声名远扬（主要是在欧美地区）。“著名科学家”的身份也极大地增强了他话语的说服力。

18世纪的电学研究，主要聚焦于静电、电火花及放电现象。如今常见的一些初级电学实验，如让小灯泡发光、利用电磁铁吸引回形针等，在那个时代根本无法实现。因为当时还没有化学电池，缺乏稳定的电流供应。干电池、小灯泡、电磁铁等技术成果，对18世纪的人们来说是无法想象的，倘若当时的科学家看到这些，定会惊叹不已。

富兰克林利用摩擦电机等设备产生电火花开展研究。在研究过程中，他大胆推测雷电或许也是一种电火花（事实证明，这个想法是正确的），并提出雷电是云层中积聚的电荷突然放电所形成的。为了验证这一猜想，富兰克林在雷雨天放飞了一只带有金属棒的风筝。风筝线上还挂着一把金属钥匙。他认为，如果雷电真的是因为云层中积累了大量电荷，那么这电荷就能通过金属棒传导到钥匙上。

当富兰克林把手指靠近垂向地面的钥匙时，电火花瞬间迸溅而出。虽然富兰克林的手指被电到麻痹，但这一实验的成功证明了他的猜想。富兰克林成功从雷电中收集到电荷，并将其储存到名为“莱顿瓶”的装置中。这项实验就是著名的“富兰克林的风筝实验”（图3-4），1752年6月15日费城的天气状况，也因此被载入史册。

不过，需要注意的是，这个实验非常危险。曾有人尝试重现该实验，结果不幸触电身亡。所以大家千万不要去模仿。顺便提一下，富兰克林用来储存雷电电荷的“莱顿瓶”是一种瓶状电池，得名于荷兰的莱顿市。

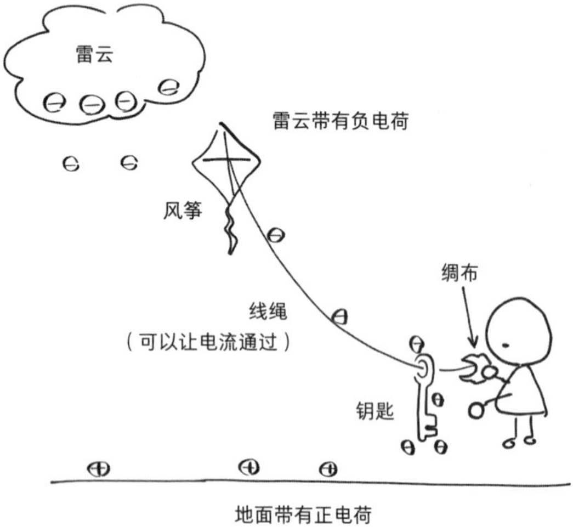

图3-4 富兰克林的风筝。

保护教堂的富兰克林的发明

基于风筝实验的经验，富兰克林发明了一种能够有效防范雷击灾害的装置——避雷针。它的工作原理非常简单：在屋顶竖立一根金属棒，并用导线将金属棒与地面相连。这样，一旦遭遇雷击，电流就会沿着避雷针导入地下，从而保护建筑免受雷击的破坏。因为在此之前，面对雷电灾害，人们束手无策。雷击及其引发的火灾常常造成巨大的生命和财产损失，尤其是在欧美地区，教堂等高大建筑林立，雷击灾害更为严重。

而自从避雷针投入使用后，效果立竿见影，短短二三十年间就在欧美地区广泛普及，几乎消除了雷击损害，让人们摆脱了雷电威胁。不仅如此，避雷针还一度成为时尚潮流，当时市场上甚至出现了装有避雷针的帽子和雨伞，不过这些特殊物品的实际防雷效果尚不能确定。

然而，并非所有人都认可这项发明。就像有人对接种疫苗心存恐惧一样，部分人认为避雷针“会吸引雷电”，进而对其进行抵制。甚至还发生过有人在自家屋顶安装避雷针，邻居担心这会将雷电引到自己家中，双方为此闹上法庭的事件。但无论如何，科学最终揭开了雷电的神秘面纱，让这一自然威胁得到有效控制。

当时的法国正处于革命爆发前夜，社会大力推崇理性思维，人们试图推翻传统权威。在这样的时代大背景下，法国人欢迎富兰克林也就不足为奇了。

糟糕的定义，导致大量的“物理厌恶者”产生

让我们把话题稍微往回追溯一点。富兰克林在研究电气现象时，还有一项重要的贡献，即提出了正电和负电的概念。自古以来，人们一直对神秘莫测的“电”满怀好奇，并且不断尝试着去揭开它的神秘面纱。在富兰克林所处的时代，人们基本已经认识到，电是一种能够在物体间流动或转移的流体。富兰克林进一步提出，这种“电流体”存在两种类型，他分别

将其命名为“正电”和“负电”。

正常情况下，物体内两种电荷的数量相等，整体呈电中性。而当不同物质（如琥珀和猫毛）相互摩擦，就会发生电荷转移——一方获得正电，另一方获得负电。富兰克林提出的这套理论简洁、准确，成功解释了各种电现象。

但问题在于富兰克林当时做出了一个看似无伤大雅，实则对未来产生了极为深远且无法修正影响的决定：他规定琥珀和猫毛摩擦时，是琥珀“失去”正电，猫毛“获得”正电，即猫被定义为带有正电荷（图3-5）。这一定义确定后，其影响不仅仅局限于那些爱猫人士，所有的电气现象的正负电判定都以此为标准。

例如，如果想知道丝绸和玻璃相互摩擦后所带的静电是正电还是负电，可以先将丝绸和玻璃进行摩擦使其带电，然后再拿一组已经摩擦过的猫毛和琥珀靠近它们进行比较。结果会发现，玻璃排斥带正电的猫毛，吸引带负电的琥珀，由此便可以判定玻璃和猫毛一样，带的是正电，丝绸带负电（当时已有专门用于

富兰克林定义，当用琥珀摩擦猫毛时，
正电荷从琥珀流向猫毛

实际上，电子是从猫毛移向琥珀的

图3-5 富兰克林的糟糕定义。

摩擦毛皮等材料的静电发生装置，无须真的去抓一只猫来做实验）。

从理论上讲，无论我们是选择猫毛还是琥珀作为“正电”基准，都不影响电磁学法则，不存在科学上的错误。但富兰克林当时并不知道，真实发生的情况是电子从猫毛流向了琥珀。换句话说，如果按照富兰克林的定义，电子必然带负电。

如果富兰克林当初做出了相反的定义，电子就会被定义为正电荷，电流方向和电子的运动方向也会保持一致，后世出现的各种混乱情况也就不会发生了。但在当时，人们对电子一无所知。直到150年后电子才被发现。而且人们惊讶地发现，它的电荷居然是负的！可此时一切都已无法挽回。在这150年间，电磁学已发展成熟，世界各地的教材也都沿用了富兰克林的定义，修改已不可能。

这就导致现代物理教学中出现了这样一种令人困惑的矛盾情形：电流从正极流向负极，电子却从负极流向正极。这一矛盾不仅让学生感到疑惑，也在无形中阻碍了人类对物理学的理解。在我看来，富兰克林对电荷的定义，是对科学技术发展造成负面影响的“三大糟糕定义”之一（另外两个分别是降低打字效率的QWERTY键盘[1]布局和混乱到令人发指的英语拼写）。

科学家们的“新玩具”——电流登场

在电子被发现、富兰克林电荷定义的弊端显现之前，电磁学经历了漫长的发展。1800年，化学电池诞生。这种利用金属等化学反应来产生电流的装置，成为现代大多数电池（太阳能电池除外）的雏形。

化学电池的出现，让科学家们能够产生持续数分钟至数小时的强大电流，研究重点也从静电转向了电流。电实验不再局限于反复摩擦毛皮。电流成为电学研究的核心。也正因如此，物体中不流动的电现象被称作“静电”，这是一种回溯命名，类似“固定电

[1] 又称柯蒂键盘、全键盘，是最为广泛使用的键盘布局方式，由克里斯托夫·拉森·授斯（Christopher Latham Sholes）发明，1868年申请专利。

话”“狭义相对论”的命名方式。电池的发明为电流实验创造了条件，推动了电磁学飞速发展。

自古希腊时代起，人们就察觉到电现象（如用琥珀吸引毛发）和磁现象（如磁铁吸引铁屑）之间存在相似之处，但这种想法在数千年间都未能取得进一步突破。直到“新玩具”——电流出现，电与磁的关联才逐渐被揭开。

电与磁的关系：千年级的大发现

1820 年，一项重大发现震撼科学界——导线通电后会变成（较弱的）磁铁，这一发现首次揭示了电现象和磁现象之间的内在联系。这一发现意义非凡，堪称千年级别的重大突破，仿佛追捕了数千年的“科学谜题罪犯”终于落网。自此，科学家们深入研究电与磁的关系，半个世纪后，电磁学的一组基本方程——麦克斯韦方程组诞生，标志着人类对电流的掌控达到了新的高度。

在高度电力化的现代社会中，电磁学的重要性不言而喻。如果失去电磁学的理论支撑，现代文明将瞬间崩塌。可以说，正是因为人类在19世纪发现了电与磁的关系，我们才能够拥有现在的生活。

让我们通过一个非常基础的例子，来看看电与磁的关系有多么重要：电流产生的磁场本身极为微弱，日常生活中，我们很难察觉到房间里的电线圈实际上是磁铁。但当我们把导线绕成“线圈”，并在其轴上放入铁芯时，就会形成强大的“电磁铁”。基于电磁铁的原理制造的“马达”，广泛应用于空调、自动扶梯、电梯、机床、建筑机械、汽车、洗衣机、吸尘器、无人机、火车、硬盘驱动器、打印机、水泵和冰箱等数不胜数的产品中。电流产生的磁场，每天都在为我们运输物品、代替我们劳作、加热食物、调节室温等。

不仅如此，马达还能反向用于发电。如果对马达的转轴施加外力使其旋转，导线中便会产生电流。这就是“发电机”的工作原理。发电机利用蒸汽力、风力、水力等驱动转轴旋转产生电流，这些电流通过导线输送到各地，驱动无数马达，维持着现代文明的运转。

电子的发现与微观世界的物理法则

1897年，“电子”这一微小粒子被成功发现，彻底颠覆了人们对电的认知——原来被视作流体的电，实际上是由微小粒子构成的。在这之后，构成世界的微观粒子一个接一个地被发现，微观世界的神秘面纱逐渐被揭开。

随着微观世界一点点呈现在人类面前，物理学领域经历了翻天覆地的变革。以往在宏观世界中被视为理所当然的常识，在微观世界里竟完全不适用。例如，1905年，也就是被称为“奇迹之年”的那年，爱因斯坦提出光由光子这种粒子构成，兼具波和粒子的双重属性，这一理论从根本上动摇了人们对“物体”的固有认知，令科学家困惑不已。

紧接着在1911年，人们发现原子中心存在带正电荷的原子核，确定了原子具有如图3-2（见第139页）所示的结构。这可让科学研究者们犯了难，因为在他们已有的认知里，这样的结构是不可能存在的。从电磁学的角度分析，如果电子围绕原子核旋转，就会发出电磁波。这意味着电子会因辐射电磁波而迅速损耗能量，最终坠入原子核。

如果真是这样，原子就会被破坏，所有由原子组成的物质也将随之崩溃。纸张、屏幕、正在阅读的你、建筑物、地球等世间万物都将瞬间瓦解，化作飘浮在宇宙中的尘埃。但现实并非如此，原子依然存在。你依然能看到纸张或屏幕。这表明必然存在着某种我们无法用传统电磁学理论解释的全新的物理法则。

这个支配着电子、原子和原子核等微观物体的全新物理法则，就是“量子力学”。那么，量子力学究竟是什么样的体系呢？它又基于什么原理呢？这个问题将在下一章详细讨论。在此先给大家简单预告一下，电子、光子和原子核等微观粒子具有波动性质。理解了这一点，我们就能明白电子为什么不会掉进原子核了。

虽然很难用一种让所有人都能轻松理解的方式解释清楚，但我们可以这样想象：就像吉他弦或跳绳的振动，波动也能在某一位置持续振动而不脱离。认识到电子、原子和原子核等微观粒子具有波动性后，人们针对这些粒子的行为和性质提出了相应的数学规则。1925—1926 年，科学家们相继揭示了这些规则。

这些新发现的规则，即量子力学，与以往的物理学体系截然不同，难以理解。实际上，直到现在，很多人对此仍然感到困惑。但不可否认的是，量子力学是研究微观世界的有力工具。通过量子力学的方法，我们能够精确地认识微观物体的行为和性质。

或许有人会问，为什么我们要采用量子力学这种违背常识又难以想象的规则呢？原因就在于，尽管它难以理解，但通过它，人类能够创造出便利的产品，做出准确的预测。这进一步证明了这些规则的正确性，使其难以被撼动。例如，“正电子”就是根据量子力学的预言被发现的，它属于粒子，也可以说是一种“反粒子”。

超级天才狄拉克的预言

开创量子力学的科学家们皆是天才，其中英国理论物理学家保罗·狄拉克的理论尤为卓越。狄拉克提出“相对论量子力学”，成功预言了正电子的存在。他还开创了将量子力学应用于电磁场和声波等现象的“二次量子化”方法，并让传统数学难以处理的“德尔塔函数”概念在物理学家群体中流行起来，给数学家们带来了新的挑战。

狄拉克在符号和表示方法的创新上也颇有建树，他发明了能够简洁表述量子力学计算的“狄拉克符号”，以及在普朗克常数h上加一横的符号“$\hbar$”（这里的$\hbar$是普朗克常数h除以2π的值，被称作“狄拉克常数”，不过人们更习惯叫它“h-bar”）。

需要注意的是，虽然“狄拉克常数”这个名字与“狄拉克数”相似，但两者所指不同。狄拉克数是宇宙大小与原子核大小的比值，约为10^{42}，这是个极其巨大的数值，且与质子和电子之间电力与引力的比值一致，狄拉克认为这两者之间存在着某种内在联系，但这一观点至今尚未得到证明。

在狄拉克的诸多预言中，还有一些至今既未得到验证，也未被证伪的内容，如磁铁通常都有N极和S

极，但狄拉克认为可能存在仅具有N极或S极的“磁单极子”（“磁单极粒子”）。自狄拉克做出这一预言后，科学家们一直在努力寻找磁单极子。

有些科学家通过研究宇宙粒子，期望能从中发现一两个磁单极子。另一些科学家则借助巨型粒子加速器开展实验，尝试人工合成磁单极子。还有些科学家通过观测宇宙空间中的磁场，试图估算可能存在的磁单极子的数量。遗憾的是，到目前为止，尚未有磁单极子得到确认。不过，由于也没有证据证明磁单极子不存在，所以寻找狄拉克预言中的这种粒子的工作，还会继续进行下去。

由新颖的狄拉克方程推导出的“正电子”

让我们回到量子力学创立的故事。1928年，狄拉克成功地将量子力学与狭义相对论融合。他把量子力学中的重要方程——波动方程，改写为符合狭义相对论的形式，进而导出了狄拉克方程。又一个以狄拉克名字命名的物理学概念诞生了。

狄拉克方程既美丽又新颖。或许有人会问：方程怎么能用美丽与否来评判呢？但事实上，确实存在这样一群人，他们能从方程和数学公式中发现美感。这些人常常围绕物理学公式中最美的方程应该是怎样的展开讨论，结果往往是每个人都对自己心仪的公式赞不绝口，争论得面红耳赤。在这类讨论中，狄拉克方程总会成为候选之一（其他常见的候选包括牛顿的运动方程、玻尔兹曼的熵公式、麦克斯韦方程及爱因斯坦的$E = mc^2$等）。狄拉克方程不仅形式美丽，还催生了许多新的物理学概念，正电子的发现便是其中之一。当狄拉克把电子的波动方程改写为符合相对论的形式时，他发现方程中除了常见的电子，还出现了一种携带正电荷（+e）的奇怪“电子”。

起初，狄拉克将其解释为质子。即使狄拉克想象力极为丰富，他也没能仅凭自己推导的方程就主张这种从未被发现的粒子是带正电的电子。然而，狄拉克方程所揭示的这种未知粒子，其质量与电子相同，与质子质量是电子1800倍的事实不符，所以它显然不是质子。这表明，这是一种人类前所未见的全新粒子。

直到1932年，科学家终于证实了这个粒子的存在。它与电子质量相同，却带正电荷，被命名为“正电子”。这一重大发现震惊了全世界。正如狄拉克方程所预言的那样，这个新粒子真的被找到了。也就是说，融合了数学且与相对论契合的狄拉克方程，不仅形式美丽，还是正确的。通过恰当运用量子力学理论，竟能预言出未知的粒子。这是多么强大的工具！

此外，被发现的正电子与电子的电荷相反，但其他性质与电子相同。正电子是世界上首个被证实的反粒子，即与粒子（如电子）带相反电荷的配对粒子。实际上，每种粒子都有对应的反粒子，如“反质子”和“反中子”等。正电子的发现，揭示了充满反粒子的世界的存在，极大地拓展了人类对微观世界的认知。

粒子和反粒子相遇后会发生爆炸并湮灭

我们身边几乎见不到反粒子，这其实是一件幸运的事。因为粒子与反粒子一旦相遇，便会发生“对湮灭”现象——两者双双消失，并释放出两颗光子（图3-6）。这些光子将湮灭粒子的所有质量都转换成了能量，能量极高，属于“伽马射线”。

说到质量能够转化为能量，我们不得不提到光速相关章节介绍的质能关系式：$E = mc^2$。公式中，m代表粒子的质量，c是光速，E则表示光子的能量。这种能量到底有多巨大呢？以负电子和正电子的对湮灭为例，释放的光子若被空气分子吸收，这些分子会被加热到数亿摄氏度，甚至直接解体，电子与原子核四处飞散。通过$E = mc^2$公式，我们能直观地感受到其威力是多么惊人。正因如此，人们常形象地描述“对湮灭”为“粒子和反粒子相遇会发生爆炸”。

由正电子、反质子等反粒子构成的物质被称为“反物质”。哪怕只是极少量的反物质，一旦与普通物质接触，都会引发剧烈的爆炸。例如，1克反物质与普通物质发生对湮灭，将释放约200万亿焦耳的能量，足以摧毁一座城镇。由此可见，反物质实在是一种极其危险的东西。

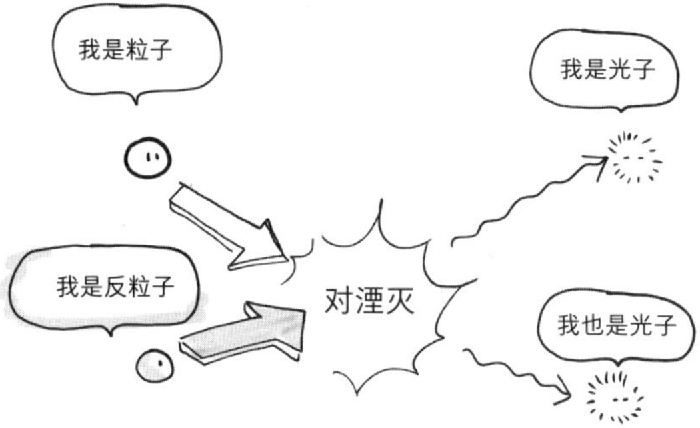

粒子与反粒子相遇会发生对湮灭，产生光子

图 3-6 对湮灭。

宇宙中是否存在由反物质构成的天体

反粒子中的反质子带有负电荷，会吸引带正电荷的正电子，两者结合能形成“反原子”。就像普通质子与电子结合形成氢原子一样，反质子与正电子结合形成的原子被称为“反氢原子”。

反氢原子的性质与我们所熟知的氢原子极为相似，两个反氢原子结合还能形成反氢分子。如果存在大量反氢分子，甚至能组成气态的“反氢气”。这种气体比反空气还轻，可与反氧气发生燃烧反应，生成“反水”。从外观和化学特性来看，氢和反氢几乎难以分辨（这里补充一个细节：光子没有对应的“反光子”，或者说光子和反光子是同一概念。因此，无论是普通粒子还是反粒子，都会吸收、发射光子。仅通过光学观测很难判断该物质是普通物质还是反物质）。

基于此，一个饶有趣味的假设诞生：宇宙中是否存在由反氢气、反氧气、反碳等反元素构成的“反物质天体”？夜空中闪烁的恒星里，会不会隐匿着一两颗“反恒星”？在这些反恒星周围，是否存在反行星，甚至孕育着“反生命”？更大胆地猜想，仙女座星系是否为完全由反物质构成的“反星系”？

尽管这些设想充满想象力，但现实情况是，现实中尚无证据证明反物质天体或反星系的存在。原因在于，倘若反恒星真实存在，其周围必定会与普通物质接触，引发剧烈的湮灭反应，并释放出大量的伽马射线。但在现代，天文学家们长期观测宇宙伽马射线，始终未发现相关迹象。这表明，在人类可观测的范围内（几百亿光年），反物质的含量极其稀少。如果宇宙中真的存在反恒星，它们迟早会与普通恒星相撞，引发比超新星爆发更壮观的宇宙大爆炸。遗憾的是，我们至今尚未观测到这样的现象。

接下来，我们从电子和正电子的话题稍微拓展一下：假如我们收集大量反物质并将其压缩形成黑洞，该黑洞与由普通物质形成的黑洞毫无二致。因为黑洞不会保留原始材料信息。所以不存在所谓的“反黑洞”，也无法让黑洞与想象中的反黑洞相撞并发生对湮灭。

那么，为什么宇宙中的反物质相较于正物质如此稀少呢？这个问题我们将在后面的章节深入探讨。

两颗光子的碰撞可以生成粒子和反粒子

正粒子与反粒子相遇会发生对湮灭，而与之相反的过程同样存在：当两颗高能光子发生碰撞时，有时可能诞生出一对粒子和反粒子，这种现象被称为“对生成”（图3-7）。在原本空无一物的空间中，粒子和反粒子突然出现，乍一看，这似乎违背了物理法则，难免让人不安。其实不必担心，这完全符合物理定律，是“合规合法”的。

正粒子与反粒子的组合多种多样，包括电子和正电子、质子和反质子、氢原子和反氢原子，等等。在这些组合中，最容易生成的是电子和正电子对。当高能伽马射线撞击某个物质时，有可能产生这样的粒子对。因此，在核能反应实验、粒子加速器实验等高能环境中，正电子的出现并不稀奇（值得一提的是，英国导演克里斯托弗·诺兰的科幻电影《信条》中，设

当光子发生对生成时，会产生一对正粒子和反粒子

图 3-7 对生成。

定了“逆行”这一虚构的物理现象。在逆行装置的作用下，处于逆行状态的主角能够“逆向”穿越时间，与正常时间流动状态下的自己形成了类似“正反粒子对”的关系，两人可一起进入逆行装置后消失，或在装置中突然出现。诺兰在构思这一概念时很可能参考了对湮灭和对生成的物理原理）。

神秘的反粒子就在我们身边

反粒子虽然数量稀少，但其实就在我们身边。例如，反μ粒子，μ粒子是一种与电子颇为相似的基本粒子，带负电荷（-e），而反μ粒子带正电荷（+e）（关于基本粒子的详细内容，将在后面展开）。

来自宇宙的粒子、反粒子及伽马射线，统称为“宇宙线”。当宇宙线在地球大气上层发生对生成反应时，会按一定比例产生μ粒子和反μ粒子。这些粒子具有较强的穿透力，能够穿透大气层抵达地面。反μ粒子是我们身边最常见的反粒子，平均每平方厘米的地表上，每秒大约有1个反μ粒子降落。地球上所有处于地面的生物，都同时经受着 μ 粒子和反 μ 粒子的“洗礼”。以人类为例，站立时每秒大约有数百个 μ 粒子和反 μ 粒子穿过身体，睡着时这一数量会增加到数千个。

狄拉克基于理论的一致性所预言的正电子已被证实，并且几乎所有粒子都存在对应的反粒子。它们既能相遇发生湮灭，也能由高能光子通过对生成产生。

在介绍光速时，我们了解了质能关系式 $E = mc^2$。当给物体提供能量时，物体的质量会增加，这就是该公式的一种应用体现。在对湮灭和对生成过程中，这个公式的重要性尤为凸显——物质和反物质的质量可以转化为光子的能量，反之，光子的能量也能转化为质量。在这种情况下，质量和能量的界限变得模糊。任何看似坚固的物质在下一瞬间都有可能转化为能量而消失不见，而能量同样可以转化为具有具体形态的物质。两者看似不同，实则本质相通。

从最初人们认为电是一种神秘的流体，到揭示出电是电子的移动，到深入认识反粒子及其与能量的转化关系，约短短30年，人类对物质的认知发生了翻天覆地的变化。

为什么正电子如此稀少

在对生成过程中，存在一个确定的规律：粒子和反粒子必定成对出现，只生成粒子或只生成反粒子的情况绝不可能发生。无论是伽马射线相互碰撞，还是粒子间的撞击，抑或是任意粒子与反粒子组合的碰撞，最终结果必然是生成数量相等的粒子和反粒子。这一现象表明，人类在实验室里开展的所有实验，以及宇宙中自然发生的对生成反应，都会同时创造出等量的物质和反物质。然而，现实宇宙中反物质却极为稀缺，这一矛盾现象令人困惑。

我们的身体、地球、太阳、银河系乃至仙女座星系所构成的物质，都源于过去某个时刻宇宙中的特定生成反应。那么问题来了，在这些生成反应过程中，是否也同时产生了等量的反物质？如果是，这些反物质如今又在何处？遗憾的是，这个问题至今仍未得到解答，它依然是现代物理学亟待攻克的重大课题。目前，关于身边物质数量众多而反物质数量稀少的原因，尚无确切定论。

假说1：存在将反物质转变为物质的未知反应

许多科学家支持这样一种理论：反物质在特定条件下能够转变为物质。根据主流的“大爆炸理论”，宇宙大约在138亿年前诞生于一次剧烈的大爆炸。最初，宇宙的体积比针尖还小，所有物质被高度压缩，处于超高温、超高密度的极端状态。随后，宇宙空间以超光速急剧膨胀，物质逐渐变得稀薄，温度也随之降低。经过138亿年的演化，才形成了如今空旷而寒冷的宇宙。

在宇宙诞生早期的超高温、超高密度环境下，我们所熟知的物质都无法稳定存在。所有物质都会被破坏、融化或蒸发。原子和原子核会分崩离析，质子和中子破裂，内部物质四散而出，无数高能无知粒子充斥在狭小的空间中，不断地相互碰撞、生成和湮灭。

在这个过程中，存在某种尚未被发现的未知反应，使得反物质部分转变为物质，导致物质的量出现微小增加。尽管这一数量差异在当时看似微不足道，但随着宇宙演化，绝大多数粒子和反粒子发生对湮灭，不稳定粒子衰变成稳定粒子，最终仅留下少量物质构成如今的宇宙。

不过，到目前为止，这种能将反物质转变为物质的关键反应尚未得到确认。虽然科学家在实验室中发现了一种被称为“破坏对称性”的近似反应，但研究表明，该反应在早期宇宙环境下难以产生足够影响，无法大规模将反物质转变为正物质。若要证明这个假设，需要在实验室或天体观测中找到一种有效的反应机制，如能够将反质子转变为电子的反应。

假说2：宇宙这个区域恰好有很多物质

另一种受欢迎的理论认为，宇宙中物质和反物质的总量或许是相等的，只是我们恰好居住在物质占主导的区域。由于目前人类尚未观测到反物质天体，所以可以推测正物质占据主导地位的区域可能相当广阔。虽然这只是单纯的推测，但在大约1 000亿光年甚至1万亿光年的广袤空间内，有可能全都是正物质。

不过，这个理论难免引发质疑。即便基于被广泛接受的大爆炸理论，宇宙年龄也仅有138亿年。宇宙真的能在138亿年内扩展到1万亿光年的规模吗？而且，物质主导区域恰好如此辽阔，是否过于巧合？

“膨胀理论”为这些疑问提供了较为合理的解释。该理论指出，宇宙在大爆炸初期经历了剧烈的膨胀过程。尽管大爆炸本身已是剧烈的空间扩张，但膨胀理论强调，这一阶段的膨胀程度比大爆炸更为惊人，达到了更高的数量级。

目前，宇宙的可观测范围是以地球为中心、半径约500亿光年的区域，而在这之外的宇宙空间，受限于观测技术，原则上无法被直接观测。如果膨胀理论成立，那么在遥远的不可观察区域，宇宙的实际大小可能是可观测范围的数十倍甚至更大。在这种急剧膨胀的过程中，物质在某些区域比反物质稍多一些是有可能的，也就解释了我们为何生活在物质主导的区域。

膨胀理论与部分天文观测结果相符，因此具备一定的合理性。但它也存在一些难以令人信服的预言，如预测宇宙将永远膨胀下去。想接受这一理论，某种程度上考验着人们对科学假设的信念。

事实上，在宇宙学领域，不只是膨胀理论，许多理论受限于当前的观测和实验条件，很难被证实或证伪。在不同理论之间的选择，逐渐不再单纯是科学判断，而更像是一种信念的抉择，这也使得宇宙学的讨论有时呈现出类似神学探讨的特质。

基本粒子家族：华丽的17名成员

电子作为基本粒子，其起源问题值得深入探讨。基本粒子是构成世间万物的最小单元，它们不可再分，呈点状且没有大小。例如，原子可以分解为电子和原子核，所以它属于基本粒子。原子核可以进一步分解为质子和中子，质子和中子又可以分解为夸克，而夸克被认为是无法再分解的基本粒子。因此，我们身边的物体乃至人体，追根溯源，都由电子、夸克等基本粒子构成。

基本粒子“没有大小”的特性意味着什么呢？以人体为例，我们测量身高，本质上是测量头顶与足跟两部分之间的距离。测量山或建筑的高度，是测量地面到山顶或屋顶的距离。我们测量物体的大小时，都是在测量这个物体的各个部分之间的距离。但基本粒子没有内部结构，无法进行类似的测量，因而被称为“点粒子”。

在原子核或夸克之间，穿梭着一种名为“胶子”的基本粒子。正如其名，胶子如同“黏合剂”，通过自身的运动促使夸克相互结合，维持原子核的稳定形态。某些基本粒子通过这种穿梭运动传递作用力：光子作为基本粒子，负责传递电磁力；电子和质子之间的电磁力可以理解为光子在两者间穿梭的结果；W粒子和Z粒子这两种对很多人来说比较陌生的基本粒子，则传递弱力（在物理学中，有时会出现一些让人难以理解的命名现象）。传递弱力的基本粒子总共有以上4种。

此刻，正有大量被称作“中微子”的基本粒子穿过我们的身体。仅来自太阳的中微子，每平方厘米每秒就多达660亿个。然而，中微子呈电中性，质量很轻，只能通过这种弱力与其他粒子发生反应。因此，这些海量中微子几乎不会与人体发生任何作用，而是径直穿过身体、穿透地面，以接近光速的速度向宇宙深处飞去。

基础粒子家族目前共有17名成员，电子是其中最早被发现的。值得注意的是，这些基础粒子中仅有不到一半是稳定的，其余基本粒子在生成后不到一毫秒就会衰变，有些甚至无法在粒子加速器中被制造出来，其是否真正属于构成世界的基本粒子，仍存在争议。

“电子三姐妹”

电子有两位“姐妹”——μ子和τ子，其中τ子比μ子质量更大。这“三姐妹”各自对应着电子中微子、μ中微子和τ中微子。这6种粒子共同被归类为“轻子”，不过你不用特意去记这个名称。“上夸克”和“下夸克”是构成质子和中子的基本成分，因此，只要有物质存在的地方，就必然存在这两种夸克。

除了上夸克和下夸克，夸克家族还有另外4名成员。夸克能够组成被称为“重子”的原子核组分，但在众多重子中，只有由上夸克和下夸克构成的质子和中子是稳定的，其余由其他夸克组合构成的重子都是不稳定的。

我们能不能就此认为这17种粒子（图3-8）就是所有的基本粒子了呢？答案是否定的。以传递力的媒介粒子为例，在已知的粒子中，尚未发现与重力相对应的粒子。因此，尽管还未得到实验证实，但理论上预测可能存在“重力子”。考虑到重力波在2015年才刚刚被确认存在，想要证实“重力子”的存在，还需要更多时间和研究。

在关于重力的章节中曾提到，宇宙中存在大量身份不明的物质，被称为“暗物质”，其质量大约是普通物质的5倍。自暗物质的存在被发现以来，科学界

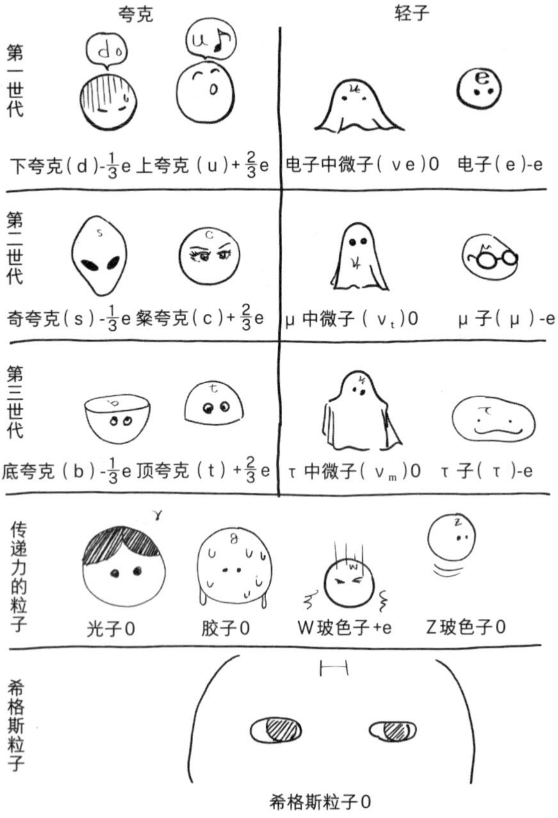
夸克
轻子
第一世代
d
u
下夸克(d)$-\frac{1}{3}$e
上夸克(u)$+\frac{2}{3}$e
电子中微子(ve)0
电子(e)-e
第二世代
s
c
奇夸克(s)$-\frac{1}{3}$e
粲夸克(c)$+\frac{2}{3}$e
μ 中微子(v_t)0
μ 子(μ)-e
第三世代
b
t
底夸克(b)$-\frac{1}{3}$e
顶夸克(t)$+\frac{2}{3}$e
τ 中微子(v_m)0
τ 子(τ)-e
传递力的粒子
γ
光子0
g
胶子0
W
W玻色子+e
Z
Z玻色子0
希格斯粒子
H
希格斯粒子0

图3-8 基本粒子及其电荷。

围绕其本质提出了诸多猜想，但至今仍未得出确切结论。由于所有基于已知物质对暗物质的解释均未成功，从排除法的角度来看，“暗物质由未知基本粒子构成”这一理论具有较高的可信度。一旦某个粒子探测器成功捕捉到暗物质粒子，并揭示其真实身份，基本粒子家族就将迎来新成员。

夸克的电荷值是分数的原因

电子所带的电荷为-e（之前多次提到），其“姐妹粒子”μ子和τ子也相同携带-e电荷，而质子的电荷是+e。所以，长期以来，人们普遍认为基本粒子及由它们组成物质的电荷，都应该是+e或-e的整数倍。从电子被发现直到20世纪前半叶，几乎没人对此表示怀疑。

然而，当我们重新审视基本粒子的构成时，发现夸克的电荷特性有些奇怪。上夸克的电荷为$+\frac{2}{3}e$，下夸克的电荷为$-\frac{1}{3}e$，这些电荷并非e的整数倍，看起来不太符合常理。

不过，这种特殊的电荷设定却能巧妙地解释质子和中子的带电情况。质子由2个上夸克和1个下夸克组成，通过计算其电荷和：

$$+\frac{2}{3}e+\frac{2}{3}e-\frac{1}{3}e=e$$

恰好得出质子的电荷是+e。

中子由1个上夸克和2个下夸克组成，计算其电荷和：

$$+\frac{2}{3}e-\frac{1}{3}e-\frac{1}{3}e=0$$

这就解释了中子为何呈电中性。

虽然夸克的电荷形式看起来不太直观，但由于夸克总是三个一组地结合形成重子（如质子、中子等），且夸克无法单独存在，不能从重子中分离出单个夸克，所以，由夸克组成的粒子的电荷始终是e的整数倍，不会出现半整数电荷的粒子。

这一特性使得尽管质子和电子的电荷成因截然不同，但它们电荷的绝对值完全相等，从而保证了原子

温是20℃”，从物理量换算角度也可表述为“气温是$4.0 \times 10^{-21} kg \cdot m^2/s^2$”。

基本单位的可替换性

米、千克和秒作为国际单位制中的3个基本单位，是构建其他物理量单位的核心，因其明确的定义而备受重视。但这并不意味着物理量的基本构成只能固定为这三者。实际上，我们完全可以选取其他物理量的单位进行替换，同样能够构建出完整的单位体系。

例如，我们选取米、秒和帕斯卡（Pa）作为基本单位。帕斯卡是压力单位，根据压力的计算公式（压力 = 力 ÷ 面积），力就可以表示为压力与面积的乘积。在“米 - 帕斯卡 - 秒单位系统”中，力的单位为$Pa \cdot m^2$。米和秒在这个新单位系统中的用法保持不变，加速度的单位仍然是米/二次方秒，而质量作为衡量物体在加速过程中所需力的物理量，其单位则变为 $Pa \cdot m \cdot s^2$。由此可见，“米 - 帕斯卡 - 秒单位系统”同样能衍生出丰富的单位，与传统的“米 - 千克 - 秒

单位系统”本质上并无不同。只要选取3个相互独立的基本单位，通过不同的组合运算，就能创造出各种物理量的计量单位，构建起一套完整的单位系统。

此外，基本单位的度量尺度也可以根据实际需求进行调整。以长度单位为例。在日本，1尺曾被定义为$\frac{10}{33}$米（源于明治时代的法律“度量衡法”：1885年，明治政府加入米制条约，并于1891年制定“度量衡法”，将尺、贯等日本传统单位与米制建立关联）。基于此，我们可以构建“尺-千克-秒”单位系统：面积用二次方尺表示，速度用尺/秒表示，力的单位则为千克乘尺/二次方秒。这种单位系统同样能为所有物理量提供相应的计量单位。

由此可见，物理学的单位系统并非一成不变，3个基本单位的选择既可以替换为其他物理量，其度量大小也能根据实际应用灵活调整。

极致精练的“自然单位制”

在了解了单位制的构建原理后，我们可以进一步

探讨一种更为简洁、普适的单位制——自然单位制。这种单位制以光速c、引力常数G和普朗克常数h（$\hbar = 2\pi h$，在一些自然单位制中常用 $\hbar$ 代替h，但不影响整体原理）为基本单位（在涉及电磁学单位时，还会用到电子电荷e）。由于这些基本单位均为基础物理常数，使得该单位制具有独特的普适性。

在自然单位制中，长度的单位是普朗克长度，为$\sqrt{\frac{Gh}{C^5}} \approx 4 \times 10^{-35}$米。这个长度极其短小（说“短”小的“长”度，表述似乎有些矛盾，书写时都让人有些忐忑），比原子甚至原子核的长度还要小。若用它衡量一个人的身高，大约是5×10^{34}普朗克长度，两者相差达35个数量级。

时间单位“普朗克时间”，指的是光传播一个普朗克长度所需的时间，为$\sqrt{\frac{Gh}{C^5}} \approx 1 \times 10^{-43}$秒。这个时间短暂到超乎想象，1秒钟约等于$10^{43}$普朗克时间。而宇宙自诞生至今的时间（约$10^{18}$秒）与普朗克时间相比，差距依然极为悬殊。

质量单位是普朗克质量，为$\sqrt{\frac{Gh}{C^5}} \approx 0.05$毫克。这

个数值相对更接近日常生活中的质量概念，与水洼中微生物的质量相近。如果用它衡量一个体重50千克的人，其质量大约是109个普朗克质量。相较于普朗克长度和普朗克时间的“非日常性”，普朗克质量显得相对平易近人。

自然单位制不依赖于任何特定的实物原器（如存放在实验室的标准砝码或尺子），也不受限于地球等特殊天体，是一种放之宇宙各处皆通用的单位制。从理论上讲，若未来是与外星文明进行交流或交易，这种单位制无疑是最佳选择。

自然单位制：日常不便，却揭示宇宙奥秘

然而，这种过于精练的单位制在日常生活中使用起来极为不便。想想看，用它来计量饮料瓶的体积、约定见面的时间或称量猪肉的质量，所得数值往往需要带上几十个数量级。即使是历史上最严重的超级通货膨胀所涉及的数字，与之相比也相形见绌。在日常物理学计算中，它同样难有用武之地。例如，用自

然单位制测量原子的大小，数值会超过20个数量级，就连微观世界的原子在这种单位制下都显得“庞大无比”。因此，在大多数物理学应用场景中，自然单位制并不适用。

既然如此，为何还要研究和提及自然单位制呢？其“不便性”恰恰源于它的独特之处——该单位制同时整合了在天体现象中起关键作用的引力常数，以及支配微观世界物理规律的普朗克常数。在物理学领域中，能够同时涉及这两种尺度的学科并不多，宇宙物理学和量子引力理论便是其中的典型代表。尤其是量子引力理论，对这种单位制的依赖程度相当高。

量子引力理论旨在将描述引力的广义相对论与描述微观物理法则的量子力学统一起来，但这一目标至今尚未实现。近百年来，众多杰出学者投身于该领域的研究，然而目前仍停留在假说阶段。不过，科学发展的规律告诉我们，每当现有理论无法解释某些现象时，新理论的诞生就成为必然（这不禁让人联想到100年前，经典物理理论无法解释原子结构，从而催生了量子力学的那段历史）。

在实际应用中，自然单位制的价值主要体现在极端物理场景中。例如，在宇宙诞生的最初瞬间，宇宙的初始尺寸被认为仅有普朗克长度量级，并在普朗克时间的极短间隔内开始膨胀，当前的量子力学无法描述这一过程。又如，在黑洞的中心，空间的“曲率”和“能量密度”等物理量会趋于无穷大，现有理论在此完全失效。

此外，现有的量子力学在黑洞“表面”也不再适用。黑洞会释放出名为“霍金辐射”的神秘光线，英国物理学家斯蒂芬·霍金运用量子力学很快发现了这一现象，但该辐射过程却引发了量子力学内部的根本性矛盾。人们寄希望于量子引力理论能逐一解决这些问题，而在这个过程中，自然单位制无疑会发挥重要作用。或许在不远的将来，随着理论研究的突破，人类能够熟练运用自然单位制，从而开启探索宇宙深层奥秘的全新篇章。

后记

★

关于基础物理常数可能并非“基础”的话题

光速c、引力常数G、电子电荷量e和普朗克常数h所描绘的宇宙

读完本书，相信大家对光速c、引力常数G、电子电荷量e、普朗克常数h这些基础物理常数已不再陌生，甚至可以说与它们“交了朋友”（当然，或许也有人并不这么想）。这些伴随着人类探索历程的基础物理常数，为我们揭示了宇宙为何呈现出如今的面貌（尽管它们并未吐露全部秘密）。

光速c让我们认识到时间与距离可以相互转换，也就是说，用米来衡量时间完全可行，距离也能用光传播所需的时间来衡量。更神奇的是，无论观察者如何运动，光速始终恒定不变。为了维持这种平等，运动中的观察者会发现时间和空间发生伸缩变化，仿佛宇宙本身在竭力守护光速的不变性。

人类初识引力常数G时，行星在澄澈的真空中有序运行，那时的宇宙宛如一只精密的时钟，甚至让人觉得可以计算出过去和未来。然而，随着研究的深入，当我们试图借助引力常数G揭开宇宙的真实面貌

时，却发现时间会扭曲，空间会弯折，并且宇宙中还充斥着暗物质和暗能量等神秘物质。如今我们知道，宇宙始于138亿年前的一场大爆炸，并持续膨胀，那个古典认知中的“机械宇宙”早已被更复杂的图景取代。

若要准确描绘宇宙的图景，电磁学的知识必不可少。当物体间的相互作用无法用重力解释时，往往是电磁力在发挥作用。电子电荷量e虽在电磁学初期未凸显其关键意义，甚至电子带负电的特性也曾令人困惑，但作为人类发现的第一个基本粒子，电子开启了我们探索微观世界的大门。e是所有基本粒子电荷的共同数值，是理解基本粒子的关键所在（尽管我们尚未完全理解为何如此，却以此为线索不断深入认识宇宙的基本构成）。

普朗克常数h首次向人类揭示，微观物体（如电子和光子）遵循着与宏观物体截然不同的物理法则。正是基于这一发现，量子力学应运而生，成为描述微观世界运行规律的核心理论。自普朗克常数被提出以来，科学家们对其内涵的探索从未停止。这一常数的

引入，彻底改变了人类对光的认知——光不再仅仅被视为连续的波动，而是由一个个离散的光子组成；同时，能量、角动量等物理量也不再是连续变化的，而是呈现出“量子化”的特性。在这个与常识相悖的微观世界中，人类如同懵懂的婴儿，一切都需要从头开始探索。

凭借对微观世界规律的精准把握，量子力学取得了辉煌的成就。从化学领域的分子结构解析，到原子能的开发利用；从激光技术的诞生，到计算机技术的飞速发展，众多重大科技突破都离不开量子力学的理论支撑。在宇宙物理学的研究中，量子力学同样占据着举足轻重的地位。

尽管宇宙诞生的谜题至今仍未解开，但科学界已达成共识：只有将量子力学与引力理论有机结合，才有可能找到最终的答案。由此可见，光速c、引力常数G、电子电荷量e和普朗克常数h相互交织，共同勾勒出了宇宙的基本轮廓。

构成宇宙的其他基础物理常数

然而，宇宙的奥秘远不止于此。事实上，基础物理常数的家族十分庞大，光速c、引力常数G、电子电荷量e和普朗克常数h只是其中的冰山一角。仅凭这几个常数，远远不足以描述和计算所有的物理量。

以“色荷”为例，这是基本粒子所具有的一种独特物理量。我们知道，电子等基本粒子带有电荷，在电磁力的作用下，电荷会产生作用力，其强度可以通过e进行计算。而在原子核内部，还存在着一种强大的相互作用力——强核力。

与电磁力不同，强核力的作用范围仅限于原子核尺度，它是维持原子核稳定的关键力量（同时也是导致某些原子核不稳定、发生衰变的原因）。强核力的产生与粒子的色荷密切相关，力的强度也取决于色荷的大小。就如同电荷e是描述电磁相互作用的关键常数一样，色荷的大小也是一个重要的基础物理常数。

由于宇宙中可观测的物体（尤其是天体）大多由

原子构成（而不是暗物质或暗能量），而原子核的性质很大程度上受色荷影响，因此，色荷对于理解天体的形成与演化至关重要。

再看中微子，这种粒子质量极轻，直至今日，科学家们仍未成功测量出其确切质量。中微子共有3种类型：电子中微子、μ中微子和τ中微子。它们在存在过程中，会以一种微妙而复杂的混合状态出现。虽然这听起来令人困惑，但自然界就是如此复杂。目前我们尚不明白为什么会这样，但可以确定的是，描述这种混合状态的“混合角”等物理量，同样属于基础物理常数。

构成宇宙的基础物理常数还有很多。正是这些常数以精妙的配比组合，共同编织出了宇宙这张丰富多彩、错综复杂的巨网。这不禁引发我们的无限遐想：如果这些常数的数值发生改变，是否会孕育出与我们所处宇宙截然不同的其他世界？在那些世界中，物理规律又会呈现出怎样神奇的面貌呢？

名的“薛定谔的猫”思想实验，就是对量子比特特性的生动诠释。实验设想：一只处于宏观世界却遵循量子力学规则的猫被关在箱子里，在被观察前，这只猫处于既生又死的叠加态，只有打开箱子观察，才能确定猫的生死。

量子比特能够存储并处理这种“既生又死”的叠加信息（可能有人会疑惑，计算这样的情况有什么用）。当两个或更多量子比特结合在一起时，会展现出更为复杂、违反直觉且极具美感的行为——“量子纠缠”现象。目前，量子比特的这些独特特性正被科学界广泛研究，因为若能成功实现基于量子比特的量子计算机，它将在某些计算任务上展现出远超传统计算机的运算速度。不过，构建量子比特和量子计算机面临着诸多技术挑战。尽管全球许多研究团队正在积极推进，但距离制造出真正实用的量子计算机，仍有很长的路要走。

如果普朗克常数增大，原子将变得巨大

普朗克常数h（$6.626\ 070\ 15 \times 10^{-34}$J · s）是一个极其微小的数字，与日常生活中物体的物理量的数值差异巨大。微观世界遵循与宏观世界截然不同的物理法则，普朗克常数的极小值是其中一个关键原因。不妨设想一个有趣的场景：若将普朗克常数的值增大1 000倍，从明天起，变为$h = 6.626\ 070\ 15 \times 10^{-31}$J · s，世界会发生怎样的变化？又会出现哪些奇特的量子效应？

普朗克常数h对原子和分子的结构起着决定性作用，因此，当h增大1 000倍时，微观物体的形态将发生根本性转变。首先，原子和分子的尺寸将急剧膨胀至当前的100万倍，达到约0.1毫米。乍一看，0.1毫米似乎已接近肉眼可见的尺度，但实际并非如此。由于肉眼观察物体依赖光的照射，而光由光子组成，h增大1 000倍后，每个光子的能量也会相应增加1 000倍。

与此同时，原子和分子变大后，电子与原子核之间的距离变远，导致原子对电子的吸引力大幅减弱。

这使得膨胀后的原子和分子结构变得异常脆弱，稍有外界刺激，其结构就会遭到破坏。因此，当原子和分子膨胀到约0.1毫米时，一旦遇到波长更短、能量更高的光子，就会瞬间破裂，从而无法被直接观察到。

元素周期表将扩展到1 000亿

在原子和分子的结构变得脆弱的同时，原子中心的原子核却会变得极为稳定。原子核由质子和中子结合而成，其中一种粒子如同“胶水”一般，使它们结合在一起。当h增大后，这种“胶水”粒子的稳定性显著提升，黏合作用增强，即使质子和中子之间的距离有所增加，仍能通过它实现有效结合。

在现有的元素周期表中，通常原子核越大、质量越重，稳定性就越差。因此，周期表下方原子序数较大的元素多为不稳定的放射性元素。这是因为当大量质子和中子被压缩在原子核内时，“胶水”粒子的黏合力会减弱，导致原子核变得易碎。倘若普朗克常数h增大1 000倍，即使含有大量质子、体积较大的原子也能够稳定存在。

我们可以进一步假设，原子核的尺寸也会增大到约1 000倍，体积变为原来的10亿倍，理论上大约可容纳1 000亿个质子。这意味着可能会出现原子序数为1 000亿的元素。如此一来，元素的数量将变得极为庞大，研究和分类每一种元素的性质将成为一项艰巨的任务。在这种情况下，哪怕只是从地面随意采集一些土壤样本，其中可能就包含上亿种元素。如此复杂的元素体系，恐怕连俄罗斯化学家德米特里·门捷列夫也难以发现并归纳出元素周期表。

质量是太阳数万倍的巨星将会在空中闪耀

大型重原子核能够稳定存在，意味着原子核之间的核聚变将变得更加容易。当宇宙空间中稀薄的气体聚集形成星体时，相对较小的气体团也能引发核聚变，进而演变为恒星。在我们当前的宇宙中，星体的质量存在上限，一旦超出这一限度，星体就会因自身重力而崩塌，最终形成中子星或黑洞等高密度天体。

但在普朗克常数h增大1 000倍的宇宙中，质量可达太阳数万倍的星体也能够保持稳定。那些在当前宇宙中本应因质量过大而形成黑洞的星体，此时可能会在内部合成超出当前元素周期表范围的元素，并发出耀眼的光芒。

当普朗克常数增大时，不仅原子核的融合反应更加容易，量子力学中的“隧穿效应”也会更容易出现，而这种效应同样会促进原子核的分解。这表明在h增大的宇宙中，原子核的融合与分解反应都会更加频繁，原子核将不断地经历结合、分裂、变化和反应的过程。在这样的宇宙中，相较于脆弱的化学反应，涉及多个质子和中子结合的原子核的核反应可能会更加多样化和复杂。

如果在这样的宇宙中能够诞生生命，其构成或许不再依赖于分子，而是基于结合的原子核。生命活动也可能通过核反应而不是化学反应来维持。不过，这目前仅仅是基于理论假设的大胆幻想。

世界信息量的减少

读者可能会发现，普朗克常数h对原子和原子核产生影响的内容，与之前关于电荷e的章节内容有相似之处。事实上，原子和原子核的性质由多种基础物理常数共同决定，因此，任何一个常数发生变化，都会引发相应的物理效应。不过，普朗克常数的影响力不仅局限于原子、原子核、分子和光子，它还与世界的信息结构紧密相关。

普朗克常数可以被理解为世界信息的最小单位，类似于描述图像精细程度的“像素”概念。当普朗克常数增大时，从物体中可提取的信息量会随之减少，物体的状态也只能以更低的分辨率呈现，换言之，物体可区分的状态数量会大幅降低。

以容器中的气体为例：一个约1升的容器中，可能包含约10^{23}个气体分子，它们在容器内不断飞舞、相互碰撞，做着无规则运动。假设我们用高性能相机记录下这些分子的位置和速度（动量），每张照片都捕捉到10^{23}个分子的一种运动状态。

随着时间推移，下一张照片中分子的位置和速度都会改变，展现出全新的状态。那么，我们最多能拍摄到多少张不同状态的照片呢？答案大约是10^{24}张，这就是容器中气体可能存在的状态数量。尽管这个数字极其庞大，但它是有限的。

继续拍下去，必然会出现与之前某张照片相同的状态。这是因为分子的位置和速度存在由普朗克常数决定的不确定性，就像低分辨率的照片无法清晰分辨细节一样，容器中气体的状态也无法无限细分。这并非相机性能的局限，而是由世界的“像素”尺度（普朗克常数）所决定的物理本质。

如果普朗克常数的值增大1 000倍，拍摄的照片数量将大幅减少。容器中气体可呈现的状态数量将呈指数级锐减，最终只剩下极少数状态。气体分子的可能状态变少，意味着气体蕴含的信息量大幅降低。从数学角度来看，随着h变大，系统可区分的状态数量会急剧下降（信息量减少后的气体将变得更加简单、可预测，甚至可能逐渐形成规则的晶体结构）。

当世界的信息量显著减少、变得愈发贫乏时，会产生怎样的后果？生命将难以继续存在，因为生命的维持依赖于与外界环境进行信息和能量的交换（在物理学中体现为熵的流动）。笔者认为，即使在光速c、引力常数G或电荷e的值稍有变化的宇宙中，生命仍有可能利用周围资源顽强生存，但对于普朗克常数h变化后的世界，可能不容乐观。

光速c、引力常数G、电荷e和普朗克常数h都是构成宇宙的基础常数，任何一个常数的变动都会重塑宇宙的面貌。其中，普朗克常数h的调整可能尤为危险，因为在宇宙诞生初期，量子力学效应发挥着核心作用，h值的改变甚至可能影响宇宙大爆炸的发生过程（引力常数G的变化也可能带来类似的深远影响。相比之下，即使电荷e和光速c的值发生一定程度的变动，宇宙仍有可能演化出独特的形态）。

目前，人类尚未真正理解普朗克常数的意义，准确评估其变化带来的影响仍存在诸多困难。但科学界对普朗克常数的探索从未停止，这一研究将持续推动我们对宇宙基本规律的认知。

05

★

物理学的四大常数决定了计量单位

计量单位是“物理常数的多少倍”的表述

最后一章我们将讨论计量单位，也就是米、千克、秒等用于度量物理量的标准。事实上，计量单位与物理常数之间有着千丝万缕、不可分割的关系。这也使得计量单位成为本书探讨的另一大核心主题。那么，它们之间究竟有着怎样的关联呢?

实际上，计量单位本质上也是一种物理常数。当我们用“米”表示长度时，“1米”其实是某个物理常数的若干倍。测量质量时，“1千克”同样是某个物理常数的若干倍。计算时间时，亦是如此。不过需要明确的是，米、千克和秒并非宇宙通用的基础物理常数，而是人类基于自身需求制定的量度标准。

回顾计量单位的发展历程，其最初的确定带有一定随意性，随后逐渐演变为全球通用的标准，单位基准也从早期依赖特定的尺码或砝码，转变为依靠精密的实验设备来定义。这一发展趋势不禁让人畅想：未来，人类或许会采用一套能与宇宙中其他智慧生命通用的单位体系，这无疑是一个极具吸引力的设想。

“米”的诞生

我们先来了解用于测量长度的单位——米的诞生过程。米制法于1790年法国大革命时期制定。当时，无论是政治领域还是科学界，都掀起了推翻旧制度、建立新体系的热潮。在这样的背景下，新的长度单位摒弃了以人体足长或手长为标准的传统方式，转而决定采用地球的子午线作为全球性的科学基准。

法国科学院组织测量队在动荡不安的法国各地开展测量工作，并基于这些测量结果推算出子午线的长度，进而制作出世界上第一个1米的标准尺——由铂金打造的“米原器”。这把尺子不仅坚固耐用，外观也颇为华丽。与此同时，他们还用相同材料制作了“千克原器”作为千克砝码使用。“原器”作为计量的最高标准，其他所有米制测量工具均是以原器为基准制作的复制品。这些复制品无须与原器形状相同，但刻度必须完全一致。

汇聚了当时科学智慧精华的米原器及合理便捷的米制法，尽管历经波折，最终还是在全球范围内得到广泛应用。如今，几乎所有国家和地区都在使用米制单位，仅有美国等少数国家是例外（在美国，虽然科学计算中使用米制，但在日常生活里，不太方便的码、磅英制单位仍占据主流）。

米制法的普及之路并非一帆风顺。法国大革命结束后，一些短命且专制的政府对米制法予以抵制或忽视。大约100年后，全球科学家才充分认识到米制法的便利性，并签订了米制公约，使其成为国际商贸中的官方单位体系。这段历史精彩而复杂，若要深入探究，恐怕需要专门撰写一本书来详述。

借助现代精密测量仪器重新测量后发现，地球子午线一半的实际长度并非恰好2万千米，而是比这个距离长了3 932米。也就是说，当时法国科学院计算出的子午线长度比实际长度短了0.019 66%。但考虑到当时的技术条件，能达到这样的精度，已然是一项了不起的成就。

值得一提的是，米作为长度单位，最初其定义以地球为参照，而如今已与光速紧密相关，后续我们将对此展开详细介绍。

测量技术的进步逐渐追上米原器

现在，我们回顾一下光速测量的历史。

1887年，迈克尔逊和莫雷进行了一项测量实验，试图探究地球的运动速度是否会对光速产生影响。由于地球绕太阳的运动速度约为光速的万分之一，这就要求他们的测量误差需要控制在万分之一以下。1905年，爱因斯坦发表狭义相对论，确立了光速作为关键物理常数的地位，此后，有关光速的测量实验蓬勃开展。

随着技术的不断发展，光速测量的精度持续提升。原子钟和激光的发明，更是让时间、长度和速度的测量达到了前所未有的精确程度，测量误差逐渐缩小到十万分之一，甚至百万分之一。过去，每当技术取得重大突破，我们常用“极为”“极其”等词汇形容测量精度的飞跃，可如今面对如此高的精度，这些词都显得苍白无力。

测量技术的多次革新，使其精度达到了米原器制作者难以想象的程度，作为长度标准的米原器逐渐暴露出精度不足的弊端。第一代米原器诞生于法国大革命时期，沿用近100年后，于1889年被国际米原器取代。新一代米原器不再为法国独有，而是成为所有加入“米制公约”国家共同的长度标准。

米制公约是一个国际协议，旨在推广米、千克和秒等“国际单位制”。参与该条约的国家共同出资成立了国际计量局。这一国际组织负责制定和改进国际单位制，并开展测量技术的研究工作。国际计量局制造的国际米原器是一根金属棒，上面有间隔为1米的刻度，是1米的“标准尺”。相较于第一代米原器，这些刻度的精度误差减少了0.01毫米，确实是相当卓越的成就。

然而，无论这项工作多么出色，在现代超精密的测量技术面前，仍显逊色。在超精密测量设备的检测下，金属棒刻度线的宽度、变形和凹凸瑕疵无所遁形，就如同操场上用石灰画出的白线般粗糙。

尽管超精密长度测量设备技术先进，但作为计量工具，其测量结果必须与国际米原器保持一致，即测量国际米原器时，结果必须精确为1米。但由于超精密的测量设备能够识别原器上刻度的线宽和变形，反而导致在这种情况下，究竟该以哪个变形的刻度线作为1米的标准，产生了模糊性。由此可见，即使测量设备精密，如若标准本身不稳定，也无法实现精确测量。

光速成为新的米原器

鉴于上述情况，人类迫切需要一个符合超精密测量技术要求的米的定义。1960年，国际计量局（隶属国际计量委员会）将米的定义修改为基于氪原子发射光的波长，并废除了国际米原器。1983年，这一定义再次修订，最终确立为基于光速。

如今，米被定义为光在1秒内行进距离的1/299 792 458，即光速被精确界定为299 792 458米/秒。将这个距离等分为299 792 458份，就得到了1米的长度标准（实际制造标准尺时，无须建造一条30万千米的超长跑道让光传播，而是通过更巧妙的方法生成符合定义的1米长度）。这个定义不再依赖于特定的物体，而是基于“光速”这个物理常数来确定。换句话说，光速成为新的米原器。

基于物理常数定义单位具有诸多便利之处。首先，计量标准可在实验室中重现，科研人员无须再与巴黎的米原器进行比对，实验室里的测量设备和标准尺都能直接完成标定，甚至在火星、月球等其他星球上也能制作出精确的标准尺。其次，这种定义方式具有前瞻性，即使未来测量技术进一步发展，也无须修订单位定义。就算出现更为精良的测量设备，光速依然能作为具有相应精度的标准存在，基于光速的标准在可预见的未来不会过时。

例如，如果研发出一种精度达15位的长度测量设备，测量光在1秒内传播的距离，会得到299 792 458 000 000米的结果。这个测量值可用于校准设备的刻度，确保测量的准确性。这种操作即所谓的“校准”。经过校准后，设备就能严格依据米的定义，精确测量物体长度。此外，光速具有不变性，不会因实验室的运动而改变，这使得它成为定义长度单位的最佳基准。

如今，定义米实则是将光速精确地固定为299 792 458米/秒。在关于光速的章节中，我们介绍了从伽利略、斐索、迈克尔逊和莫雷的实验，到测量技术从灯泡发展到激光的历程，人类不断缩小光速测量误差。而现在，光速成为定义值，“探寻光速真实数值”的研究已不再必要。当然，测量技术的发展不会停滞，在光速作为定义值的时代，时间、距离和速度的测量技术将围绕如何精确匹配299 792 458米/秒这一标准展开新一轮的竞争。

时间单位“秒”的定义

当我们利用光速来定义米，需要确定光在1秒内传播的距离并进行分割。尽管实际操作中无须使用秒表和30万千米的跑道，但精确的计时工具必不可少。接下来，我们就来了解一下国际计量局规定的时间单位——秒。

我们熟知时间的换算关系：1天有24小时，1小时有60分钟，1分钟有60秒。因此，1天共计86 400

秒。记住这个换算关系，在一些计算中会有用。传统上，1天被定义为从正午到日落再到次日正午的时长，它由地球的自转（及公转）决定。因此，将1天等分为86 400份得到的1秒，本质上是以地球为基准的时间单位。

随着计时技术的发展，人们测量1天的长度已达到毫秒级精度，误差控制在亿分之一以内。但研究发现，地球的自转速度并非恒定不变。地球质量分布的微小变化，如板块移动、气候变化导致的水冰分布改变等，都会影响其自转速度，就像旋转木马上的人伸展或收缩手臂会改变旋转速度一样。因此，我们迫切需要一个不依赖地球自转的“秒”的定义。

如今，秒被定义为：铯133原子发射的电磁波周期的9 192 631 770倍。这个定义基于原子钟的工作原理——原子钟利用原子发射的电磁波来测量时间，因此能够制造出完全符合该定义的高精度计时工具。采用这一定义后，地球作为时间基准的使命宣告结束。而且，与独一无二的地球不同，铯133原子几乎遍布整个宇宙，这使得“秒”成为一个可以在宇宙任何地方重现的标准时间单位。

可以说，米和秒的定义都随着测量技术的进步而不断更新迭代。

可能改变“秒”定义的光晶格钟

现行秒的定义已沿用半个多世纪，将来是否会被修订呢？如果出现精度显著超越现有原子钟的革命性计时技术，秒的定义很可能会随之调整。

在具有变革潜力的技术中，东京大学教授香取秀俊研发的“光晶格钟”备受关注。传统的原子钟利用单个原子的辐射进行计时，而光晶格钟同时利用一群原子的辐射并取其平均值。通过这种方式，光晶格钟达到了极其优越的精度，误差仅为10^{-18}。这意味着，光晶格钟即使从宇宙诞生之初开始运转，至今的累计偏差也不会超过1秒（采用“单一离子阱”技术的计时装置也能达到甚至超过这一精度）。正如前文所述，新的测量技术往往能推动新科学发现、拓展知识边界，我们期待光晶格钟在未来取得更多突破。

千克原器的替代品是普朗克常数

下面我们来探讨千克的定义与物理常数之间的紧密联系。国际计量局会定期对单位定义进行修订，最近一次具有重大意义的修订发生在2019年，涉及众多计量单位和常数的重新定义。此前，千克被定义为“国际千克原器的质量”，而在2019年后，1千克定义基于精准的普朗克常数$h = 6.62607015 \times 10^{-34} J \cdot s$。我们的“老朋友”普朗克常数再次登场。

那么，这个全新的定义究竟意味着什么呢？国际千克原器是一块保存在巴黎国际计量局的特制砝码（至今仍妥善保管于此）。过去，人们很容易理解，这块砝码的质量就是1千克，世界各地的衡器都以此为基准进行校准。然而，新定义却让人感到困惑：普朗克常数如何替代千克原器？难道是用普朗克常数的“重量”来测量质量吗（很遗憾，并非如此。普朗克常数的引入似乎让情况变得复杂了许多）？

借助普朗克常数测量质量的原理

在2019年千克的定义修订之前，普朗克常数是一个需要通过实验测量来确定的物理量，全球众多实验室都致力于精确测定其数值。而随着千克定义的修订，普朗克常数就被固定为 $h = 6.626\ 070\ 15 \times 10^{-34} J \cdot s$，成为一个确定的定义值，不再需要额外的测量。

那么，此前投入大量的人力和资金建造的普朗克常数测量装置是否就此无用武之地了？当然不是。千克定义修订前后，这些测量装置的用途发生了转变。以“瓦特秤”（又称“基布尔秤”）为例，这种装置原本用于测量普朗克常数：在量子力学效应实验中，实验结果的理论预测值需要通过普朗克常数进行计算，科研人员通过对比预测值与实际结果，从而得出普朗克常数的数值。

2019年后，普朗克常数成为定义值，这就要求瓦特秤的实验结果必须与普朗克常数的定义值一致。一旦测量结果出现偏差，就需要对装置进行微调，并在计算机上重新标定刻度，使测量值符合普朗克常数的定义，这个过程就是校准。此外，经过适当调整，瓦特秤还能用来测量物体的重量。当瓦特秤被校准到与普朗克常数定义值准确匹配时，用它测量物体质量，就相当于使用“依据普朗克常数 $h = 6.626\ 070\ 15 \times 10^{3}\,\mathrm{J \cdot s}$ 校准的秤”。需要强调的是，千克的新定义中并未规定必须使用瓦特秤。未来即使出现比瓦特秤更先进的测量装置，现行基于普朗克常数的千克定义依然适用。

2019年的计量单位修订十分彻底，废除了使用超过100年的国际千克原器，转而采用普朗克常数这一相对抽象的基本物理常数来定义千克。新定义并未具体指出如何测量质量，只是明确了普朗克常数的数值，请大家自行校准测量工具。

对那些在实验室里操作瓦特秤的研究人员及对量子力学和普朗克常数感兴趣的人而言，这样的定义尚可理解。但对普通大众来说，这种千克定义实在过于复杂。很多人在日常生活中使用“千克”这个单位时，并不清楚其定义的由来，感觉与这个单位的“底层逻辑”存在隔阂。或许未来可以优化千克定义的表述方式，使其更易于初学者理解。

以米、千克和秒构建所有物理单位

千克定义修订后，米、秒和千克这三种“基本单位”均由物理常数定义，不再依赖任何原器。下面我们重新梳理一下这三个单位的定义。

·1米（m）：光在1秒内行进距离的1/299 792 458。

·1秒（s）：铯133原子所发出的电波周期的9 192 631 770倍。

·1千克（kg）：通过精确定义普朗克常数 $h = 6.626\ 070\ 15 \times 10^{-34}$J · s来确定。

“基本单位”是构建其他物理量单位的基础。通过对这些基本单位进行组合运算，可以衍生出各种不同物理量的计量单位。例如，小学时我们就知道，米与米相乘可以得到面积单位平方米（m^2），再乘以米则得到体积单位立方米（m^3）。质量除以体积得到的量是密度，其单位是千克/立方米（kg/m^3）。距离除以时间得到速度，单位是米/秒（m/s）。速度再除以秒得到加速度，单位是米/二次方秒（m/s^2），加速度与质量相乘得到力的单位，即千克乘米/二次方秒（$kg \cdot m/s^2$）。

由此可见，通过米、千克和秒这3个基本单位，我们能够构建出力学领域的众多单位。如果再引入一个电学基本单位，还可以构建电磁学中的单位体系。国际计量局选定安培（A）作为电磁学的基本单位，不过这里暂不展开讨论。这3种基本单位分别对应长度、质量和时间的测量，以它们为基础构建力学单位，意味着力学本质上是研究长度、质量和时间及其组合关系的学科。实际上，力学的涵盖范围相当广泛，我们日常测量和处理的几乎所有物理量，本质上都是长度、质量和时间这3种物理量的不同组合。

此外，正如在光速相关章节所述，由于时间乘以光速c可以得到长度（基于光速不变原理），从理论上来说，仅用长度和质量这两个单位，就能满足力学中大部分物理量的表述需求。以温度单位为例，国际计量局将开尔文（K）定为温度的基本单位，但实际上温度也可以用米、千克和秒的组合来表示，如“气唯一嫌疑人。由此可见，33个比特的信息量足以从80亿人中确定目标个体。这体现了（经典）信息可分解为多个经典比特的特性。

再以文本信息为例，你正在阅读的文章中，每个汉字大约需要16比特的存储空间。中文语系由汉字及标点符号组成，从数万个字符中选择一个字符，大约需要16比特的信息量（当然，运用压缩技术可减少实际所需比特数）。

一本有10万字的书籍，其包含的信息量约为160万比特。而我们日常使用的电脑或手机的网络传输速度约为每秒100万比特。这意味着作者耗费数月甚至数年写成的一本书，几秒钟内就能完成传输，不禁让人感叹信息传递之高效与人生时光之短暂。

量子比特所传达的奇妙信息

虽然经典物理学中信息处理的内容非常有趣，但我们暂且将目光转向量子力学领域。在从物理现象中提取信息时，有一个这样的规律：目标对象越小、数量越少，所能获取的信息量往往也越少。

电子作为不可再分的基本粒子，其自旋方向只有顺时针或逆时针两种状态。这不禁让人思考：这是否对应着最小的信息单位，即1个经典比特？如今，随着计算机和电子元件尺寸不断缩小，有人会设想，未来技术发展到极致时，是否能利用电子的自旋方向存储信息，以顺时针、逆时针分别代表经典比特的0和1。但事实并非如此，经典比特与电子自旋所承载的信息有着本质区别。

经典比特只能处于“是”或“否”这两种确定状态，而电子自旋却可以处于顺时针和逆时针的无数种叠加态。叠加态是量子力学特有的奇妙现象，意味着电子可以同时具备顺时针与逆时针自旋，就如同一个回答既是“是”又是“否”，或者一个数既是0又是1。若将电子自旋用作计算机的存储介质，便能表示这种特殊的信息。实际上，任何基于量子力学基本状态的系统，都可以用来表达这样的信息。

量子力学中描述的这种信息单位被称为“量子比特”，它很可能才是真正意义上的信息最小单位。著呈电中性。若原子电荷不为零，分子结构将彻底改变，天体的结构也可能由电力而非重力主导。不过，质子电荷为何是+e、电子电荷为何是-e，这一现象至今仍无法完全解释清楚。不管怎样，宇宙就是以这样的方式存在的。

真空“知道”人类尚未发现的基本粒子

如前文所述，高能光子互相碰撞会产生电子和正电子，即“对生成”现象。如果把能量进一步提升，还能产生 μ 子、τ 子、夸克等其他基本粒子对。能引发对生成反应的并非只有光子，其他粒子在能量充足时相互碰撞，也能产生各种粒子和反粒子对。这意味着只要通过某种方式将能量集中到空间中的某一点，就能生成粒子和反粒子对。甚至可以说，真空中也能生成粒子对。

值得注意的是，无论何时、何地、由何种方式生成电子和正电子对，每次产生的电子都完全相同。它们的电荷都是-e，质量都是 9.1×10^{-31} 千克，正电子也是如此。所以，不同来源的电子与正电子相遇，必然会发生湮灭反应，这看似平常，实则蕴含着深层奥秘。

根据部分宇宙学理论，除了我们的宇宙，可能存在无数其他宇宙，它们与我们的宇宙无法相互交流，甚至无法证实其存在（至于这些假设能否通过实验或观察来验证，是否属于科学范畴，这个问题暂且不讨论）。

在这些宇宙中，物理常数和物理法则可能与我们的宇宙不同，如基本粒子的质量、电子电荷等数值可能存在差异（这似乎与本书的主题有所呼应了）。举例来说，在某些宇宙中，电子电荷可能是-1.1e，就好像给电子电荷加了“消费税”。在那个宇宙中，真空中的光子发生碰撞时，会生成电荷为-1.1e的电子和电荷为+1.1e的正电子。

不妨做一个大胆假设：若我们能把那个宇宙的真空“装”进瓶子并带回我们的宇宙（尽管这在现实中不可能），向瓶中真空照射光子，激发对生成反应，就能得到在我们的宇宙中不存在的粒子对：一个电

荷为 -1.1e 的电子和一个电荷为 +1.1e 的正电子。尽管这个真空看似空无一物，却如同一个神奇的“粒子制造机”。

那么，我们宇宙的真空与那个宇宙的真空到底有什么区别呢？在我们的宇宙中，任何对生成反应产生的电子和正电子都完全相同，这一现象令人惊叹。我们这个宇宙的真空是“没有 - 电子和 + 正电子的真空”。在这个宇宙中，当我们取出瓶子里的物质，或者把宇宙空间的真空装进瓶子里来制造真空时，按理说那里既不应该有负电子也不应该有正电子，然而，这个真空却“记住”了电子的电荷、质量和性质，一旦发生成对产生现象，它就会制造出带有 -e 电荷的电子来。

更进一步来讲，那个瓶子里的真空，不仅没有带 -e 电荷的电子，也没有带 -e 电荷的 μ 子、带 $+\frac{2}{3}$e 电荷的上夸克、带 $-\frac{1}{3}$e 电荷的奇夸克等17种基本粒子，甚至没有人类尚未发现的某些基本粒子。但瓶子里的真空却“知晓”人类从未见过的所有基本粒子的信息，只要创造出合适的条件，它就能将这些基本粒子及其反粒子一并释放出来。

如果电子电荷更大，火星可能适宜居住

如果电子电荷e改变，世界会变成什么样呢？

在宇宙的物理规律中，电子电荷e是一个极其关键的基础常数。电磁力与我们身边的所有现象，无论是生命活动、自然规律，还是宇宙物理，都息息相关，而电子电荷e的数值直接影响着电磁力的大小。如果e的数值发生改变，整个世界的面貌都将随之发生巨大变化。当然，书中所讨论的其他基础物理常数，如光速c、引力常数G、普朗克常数h等数值发生变化，也会产生各种影响。不过，宇宙对电子电荷e的数值变化尤为敏感。

在之前的章节中，我们探讨过当c和G的数值发生千万分之一或百万倍的变化时，宇宙会呈现怎样的变化。这里为了便于探讨，我们假设电子电荷e的数值变为原来的2倍。也就是说，如果从明天开始，电子的电荷变为-3.2×10^{-19}C，质子的电荷变为$+3.2\times10^{-19}$C，宇

宙会发生什么呢?

从宏观的宇宙和天体尺度来看，当质子和电子的电荷都变为原来的2倍时，它们之间的电磁吸引力会根据库仑定律变为原来的4倍。这一变化会导致原子的大小将缩小到原来的四分之一，因为更强的电磁力会使电子更靠近原子核。构成物体的晶体也会相应缩小到原来的四分之一，最终使得物体的大小缩小为原来的四分之一。

以人类为例，人体的身高大概会缩短到约50厘米。不过，身体变小的同时，人类的体重却增加了16倍，这是因为如果地球的半径变为原来的四分之一，根据万有引力公式，地表的重力将增大到原来的16倍。地球的表面积会缩小为原来的十六分之一，这将使大气压升高到原来的256倍。如此高压下，人类将无法正常呼吸。

由此可见，电子电荷的变化会让地球环境发生剧烈变化。生物体已经适应了当前的环境，这样的变化会使生物的生存面临极大的挑战。不过，对其他天体而言，情况或许不同，如现在大气稀薄、重力较弱的火星，电子电荷改变引发的环境变化，有可能使其变得适合人类居住。

电动汽车以惊人的速度启动

相较于宏观环境的变化，电子电荷改变对化学和物理性质带来的影响更为显著。原子和分子间的反应与结合都离不开电子的参与，所以如果e变为原来的2倍，物质的性质将会发生根本性的变化。首先，从原子中剥离电子所需的能量，以及电子与原子结合时释放的能量，都会增加16倍。这是因为电子的轨道半径缩小为原来的四分之一，电子与原子核之间的距离更近，相互作用更强。如此一来，几乎所有化学反应的过程都与原来不同。

虽然我们无法一一列举所有化学反应的变化，但可以通过几个例子直观感受。以干电池为例，其原理是利用从金属中取出电子的反应，电子电荷改变后，电池的电压将增加16倍。普通的一号或五号干电池的电压通常为1.5V，若e变为原来的2倍，电压将飙升到24V。这意味着依赖电池供电的电动汽车和扫地机器人等设备将会以更迅猛的速度运行。

在生物领域，植物的光合作用也会受到巨大冲击。叶绿素进行光合作用时，需要吸收光能将二氧化碳等分子转化为糖分子和氧气。当电子电荷变为原来的2倍，光合作用所需的能量增加16倍，这就要求光波长缩短为原来的十六分之一。叶绿素原本主要吸收可见光中的红光和蓝光（绿光被反射回去，使植物呈现绿色），而可见光波长的十六分之一对应的是紫外线。但目前地球的大气层对紫外线有阻隔作用，无法让其大量穿透到达地表，这就意味着一旦电子电荷改变，地表的光合作用将无法正常进行，就会对地球生态系统造成严重打击。

值得思考的是，如果植物开始吸收紫外线，它们会呈现出什么样的颜色呢？人眼通常无法感知紫外线，但当e变为原来的2倍时，人眼中的感光蛋白因物质性质变化而对更短波长的光产生反应，这意味着人类将能够看到紫外线。如此一来，我们观察植物的视觉基础发生改变，吸收紫外线的植物在外观上或许不会有明显变化。

会被冰水“烫伤”的世界

上文提到电动汽车将以惊人的速度行驶，那燃油车又会怎样呢？汽油由碳氢化合物组成，当碳氢化合物分子燃烧，即与氧气结合时，释放的能量同样会增加16倍。这意味着汽油车启动时，可能会爆发出16倍的强劲动力。不过，汽油常态下为液体，即使e的值变为原来的2倍，汽油能否维持液态并非一个简单的问题。

固体（大部分）和液体的分子紧密结合，将分子维系在一起的吸引力被称为“分子间作用力”，且这种力在分子间距缩小时会急剧增强。当e变为原来的2倍时，液体和固体发生收缩，分子间距变小，分子间作用力也随之显著增强。

为了估算分子间作用力增强的程度，我们可以参考“电偶极子”间的相互作用力，假设它增强了8倍。分子间作用力增强后，会导致固体熔化成液体的熔点、液体蒸发成气体的沸点大幅上升。经粗略计算，冰的熔点不再是0℃（273K），而是飙升至约1 900℃（约2 200K）。所以在这样的世界里，人们甚至要小心被“冰水”烫伤。水的沸点也不再是100℃（373K），而是攀升到约2 600℃（约3 000K）。或许有人会担心水壶在水煮沸前就熔化了，但由于金属和陶瓷的熔点同样会升高，所以它们不会轻易熔化。如此一来，一个e值是原来2倍的厨房，将变得如同冶炼厂般热气腾腾。

汽油的主要成分是辛烷。通常情况下，辛烷的熔点为-57℃（216K），常温下呈液态，可作为燃料使用。但当e变为原来的2倍时，辛烷的熔点会升高到约1 500℃（约1 700K）。在这种情况下，若温度不够高，汽油就会冻结。如果我们能在e变为原来的2倍的环境下解决以上问题，燃油车就可以以16倍的动力疾驰了。

宇宙核爆炸是无法避免的

前面主要探讨了电子电荷变化对化学现象的影响，而在化学反应中不显眼的原子核，其引发的核反应决定着宇宙中元素的分布，e值增加2倍的影响在此也会凸显。氢原子是最简单的原子，由一个质子和一个围绕它旋转的电子构成。氢原子核是宇宙大爆炸后最早形成的原子核，约占宇宙物质的70%，从某种意义上说，宇宙几乎由氢组成。

一旦质子电荷增加至2倍，将对宇宙中大多数氢原子产生巨大影响。质子电荷增加2倍，其“静电能量”会增加4倍。静电能量是带电物体所具有的能量，如带静电的猫毛、储电的莱顿瓶、乌云等，都能释放静电能量，产生雷鸣和闪电（不过质子的静电能量与日常静电概念不同）。

根据质能公式$E = mc^2$，拥有4倍能量的质子的质量会稍有增加，虽然我们很难精确估算，但大概会增加0.1% ~ 0.2%。对人类而言，体重增加0.1% ~ 0.2%，影响不大，类似喝水或上厕所带来的体重波动，但对质子来说，这种变化影响巨大。

在当前宇宙中，构成原子核的质子和中子中，质子的质量稍轻。但假设从明天起，e值变为原来的2倍，若质子的质量增加超过0.14%，就会比中子更重。中子这种粒子单独存在时极不稳定，通常十几分钟内就会衰变成质子、电子和反电子中微子（这里不详细解释反电子中微子的定义，只需知道它是电子中微子的反粒子，在此过程中产生。顺便提一下，我曾遇到一个非常有科研潜力的学生，他向研究人员提出一个尖锐的问题："为什么不叫它'正电子中微子'呢？"）。

一旦质子比中子重，原本的衰变过程将发生逆转，质子变得不稳定，会衰变成中子、正电子和电子中微子。这意味着氢原子核会接连转化为中子，而由此产生的正电子会与电子发生对湮灭，最终只剩下中子、中微子和高能伽马射线。这些伽马射线的能量相当于约100亿摄氏度的高温。

如果e增加至2倍，质子的静电能量使其质量增加超过0.14%，那么在短短十几分钟内，占宇宙物质总量70%的氢原子核可能会全部衰变成中子，并最终在100亿摄氏度的高温下蒸发，变成高温中性气体。届时，所有恒星和行星都将灰飞烟灭，宇宙将迎来一场以所有氢为核燃料的超级核爆炸。

生命能否在这样的宇宙中诞生

如果e值突然变为原来的2倍，宇宙大爆炸将导致现有生命全部灭绝，这无疑是一场惨烈的大灭绝。基础物理常数发生如此剧变，现有生命都将难以存活。但在基础物理常数不同的全新宇宙中，生命能否诞生，是个非常有趣的课题。

假如e值从宇宙诞生之初就是现在的2倍，这个宇宙会如何发展？生命会在这样的宇宙中诞生吗？前文提到，宇宙中约70%的物质是氢，这些氢源于宇宙大爆炸时形成的质子。大爆炸也产生了中子，但不稳定的中子在大爆炸后十几分钟内就衰变了，所以如今宇宙中不存在来自大爆炸的游离中子。

然而，在e值为现在的2倍的宇宙中，衰变的是质子，中子得以留存下来，宇宙物质几乎全是中子及少量氦元素，不存在氢原子，这便是该宇宙的起点。对生命来说，这样的宇宙有个致命的缺点，即缺少水。水分子由氢原子和氧原子结合而成，没有氢原子，就无法形成水分子，也无法形成生命所需的其他物质。

在没有氢的宇宙中，“重氢”将取而代之，成为水及其他多种化合物的原料。重氢的原子核由一个质子和一个中子组成，在e值为现在的2倍的宇宙中可能依然稳定。尽管它与普通氢原子在某些性质上有些不同，但作为生命的基本材料或许可行。所以，在这样的宇宙中孕育生命，首先需要让中子聚集形成恒星，恒星内部的中子核聚变反应提供重氢，这是生命诞生的第一步（在当前恒星中，生成的重氢原子核大多会变成氦原子核，难以大量提供重氢。但在e值为现在的2倍的宇宙中，中子间的融合反应可能在较低温度下就能发生，且重氢原子核间因电荷排斥，或许不易直接转化为氦原子核，不过这一过程仍需深入研究）。

然而，新的问题接踵而至：在这样的宇宙中，中子气体能否聚集成恒星？中子气体的电磁辐射效率较低，可能无法有效地将多余热量以热能形式释放出去，所以难以凝缩；中子气体作为流体时有何特性？即使发生核聚变，生成的热量能否顺利传递到恒星表面并辐射出去？如果恒星由中子组成，它是否会不经历核聚变发光的过程，就在短时间内因重力崩塌直接变成中子星？尽管存在诸多疑问，但我相信生命向来顽强，即使在基础物理常数未精确调控的宇宙中，生命也必定能以某种方式诞生。

04

★

通过普朗克常数h了解量子力学

终极关卡——普朗克常数h

本书已经介绍了许多基础物理常数，现在终于迎来普朗克常数h登场。它堪称这场物理常数之战中的“终极挑战”，像光速、引力常数，乃至电子的电荷量，单从名称我们大概就能猜出其所指，但对于普朗克常数，从命名中得不到任何头绪。即使听了相关解释，往往仍觉得难以把握其含义。

普朗克常数是一个专属于微观世界的基础物理常数。我们身边的物质，皆由原子、分子乃至基本粒子构成。因此，描述微观物体行为的物理学——量子力学，决定了我们周围物质的性质，甚至影响着构成人类自身的生物分子，乃至整个宇宙的结构。

在微观世界中，光以光子的形式呈现，能量变化是离散的，几乎所有物理现象都不再连续，物体状态呈现跳跃式变化。对微观世界中这些看似颠覆常理的现象予以解释的物理学，便是量子力学。普朗克常数h的复杂特性，正源于量子力学。

普朗克常数对其提出者来说也是一个谜

在“1900 年”这个具有标志性意义的年份，德国柏林大学教授马克斯·普朗克开始研究高温物体发射的光。像白炽灯的发光丝、炭火、太阳等高温物体，会根据温度的不同发出红光或白光。实际上，除了这些物体，任何不透明的物体受热后都会发光。即使不加热到很高温度，处于中温、低温，甚至极低温时，物体也会发出一定的电磁波。人体也不例外，尽管人体温度不足以发出可见光，但它会发出以红外线为主的电磁波。这种现象被称为“黑体辐射”，在第一章中曾简要提到过它。

黑体辐射的频率和强度由温度决定，换句话说，测量黑体辐射能够推算太阳或人体的温度。如今，许多地方安装的非接触式体温测量设备，能自动检测路人的体温，其原理就基于此。当普朗克开始研究这个问题时，黑体辐射的完整公式还没有被提出。当时已知的公式，要么只能解释低频辐射，要么只能解释高频辐射，没有一个能同时解释所有频率的辐射。

普朗克将现有公式整合起来，提出了一个可正确描述在任何频率、任何温度下黑体辐射的完整公式。正因如此，100多年后的今天，城市中常见的体温测量设备才得以普及，这一切都要归功于普朗克。但普朗克的公式中出现了一个陌生的常数——普朗克常数，它用于将光的振动频率转换为能量。普朗克常数的最新数值为 $h = 6.626\ 070\ 15 \times 10^{-34} J \cdot s$。这就是人类与普朗克常数的第一次邂逅。

从那时起，人们便开始思索普朗克常数究竟代表着什么。鉴于量子力学至今尚未完善，对这一常数的探讨仍在持续。

光的性质由振动频率决定

光的振动频率会转化为能量，这是什么意思呢?光的性质由振动频率这一数值决定，如红光每秒大约振动400万亿次，也就是说，其振动频率是400兆赫（MHz）。而紫光的振动频率约为800兆赫。总之，光的振动频率都非常高。

光一边持续振动，一边以光速传播。将光的振动频率与普朗克常数相乘，就能得到对应的能量值。以红光为例，其对应的能量约为3×10^{-19}焦耳，这个能量小到几乎无法察觉。

那么，这个微小的能量究竟代表什么呢?

物体发出光的最小单位

实际上，普朗克本人也曾盯着自己提出的黑体辐射公式，思考其中的普朗克常数究竟代表什么，并为此困惑不已。自己推导出的（且以自己名字命名）常数，却不清楚其含义，这种情况在科学界并非个例。科学家通过观察自然现象，发现它们符合某个公式，却无法解释为什么是这个公式，为什么会用到这个常数。这些公式和常数或许是某种未知物理规律的体现，当时的情况正是如此。经过冥思苦想之后，普朗克给出的解释是，这或许就是物体发出光的最小单位。

灯丝、炭火、太阳和人体等这些黑体辐射物体，都是从它们的表面发出光。仔细观察这些表面，灯丝由钨原子构成、炭火由碳原子构成、太阳由氢等离子体组成，也就是由质子和电子构成。人体则由氧原子、氢原子、碳原子等复杂的高分子构成。那些原子、分子、质子和电子持续发出光，形成了黑体辐射。黑体辐射包含红光、紫光和红外线等，不同振动频率的光会混合在一起。

按照普朗克的理解，举例来说，当其中某个原子发出红光时，它会释放出一定的能量，且这个能量由普朗克常数所决定，如红光释放的能量为3×10^{-19}焦耳，并且不会低于这个值。若释放的能量更大，会是2倍、3倍等整数倍，而不会是1.5倍或3.141 592倍。普朗克这种能量的最小单位为“能量量子”。

红光的能量量子是红光的振动频率与普朗克常数的乘积。紫光和红外线的能量量子则是它们各自的振动频率与普朗克常数的乘积。

不过，如今“能量量子”这一术语已不再广泛使用。很快，爱因斯坦用“光子”这一概念取而代之。

量子究竟是什么

本书的主人公之一——爱因斯坦再次登场，几乎可以说他是本书的核心人物。让我们简单回顾他的重要学术历程：从1900年普朗克提出黑体辐射公式，到“奇迹之年”这5年间，当时于瑞士专利局任职的年轻爱因斯坦，接连发表了5篇堪称诺贝尔奖级别的论文。其中，《光量子假说》一文最终为爱因斯坦赢得了诺贝尔物理学奖（在第一章中，我们已介绍了他提出的相对论，而在本章，我们将讨论剩下的论文，尤其是具有开创性意义的光量子假说）。

光量子假说的核心观点是，光由粒子组成，即光子。你可能会想，既然光由粒子组成，为什么不直接叫“光子假说”呢？这是因为在1905年，“光子”这个词并不存在。

在此，我简单解释一下“量子”这个词。长久以来，人们普遍认为光的强度、能量的大小、声音的响度及角动量等物理量的变化是连续的，也就是说，它们能够取任意数值。然而，随着普朗克、爱因斯坦等科学家研究的深入，微观世界的真实图景逐渐清晰：这些物理量实际上都存在不可再分的最小单位，其取值只能是最小单位的1倍、2倍、3倍等整数倍。

这一特性似乎是微观世界运行的基本规律，而这些构成光、能量、声音、角动量等物理量的最小单位，便被赋予了“量子”这一名称。其中，光的量子有一个更为专业且精准的术语——光子。专门研究这些量子行为与特性的物理学分支，被称为“量子力学”。与之相对，那些不涉及量子概念的物理学理论则被统称为“经典物理学”，但这并不意味着它们过时了（相对论作为现代物理学的重要支柱，尽管是较新的理论，但由于其未深入探讨量子层面的现象，依然被归类为经典物理学范畴）。

顺便一提，将光、能量和声音一并提及，这不禁让人产生疑问：声音也存在最小单位吗？既然声音也能被看作由粒子组成，那是否也有类似“音子”这样的称呼呢？答案是肯定的。在微观层面，声音确实可视为由粒子构成，而且无法产生比单个粒子更微弱的声音（这些构成声音的粒子被科学家命名为“声子”）。当我们播放音乐、唱歌或说话时，就会有大量声子被释放出来，它们传播到耳朵，引起鼓膜振动，从而让我们感知到声音。

此外，前文还提到了“角动量”这一物理量。关于角动量的具体原理与细节，我们暂不深入探讨。在经典物理学中，角动量用于表示物体旋转时的“动量”情况，但在量子力学领域，角动量的表现与作用却与经典理论大相径庭，充满了奇异且神秘的色彩，超出了经典物理学的认知范畴。也正因如此，角动量成为量子力学中极为关键、不可或缺的一部分。

普朗克常数代表了一个光子的能量

接下来，让我们走进爱因斯坦与光子的奇妙故事。

爱因斯坦通过深入研究普朗克的黑体辐射公式及光电效应等现象，敏锐地意识到，若将光看作粒子的集合，许多物理现象就能得到完美解释。当高温物体进行黑体辐射时，无数光子从其表面射出。金属发生光电效应时，单个光子会被金属原子吸收。原子发射或吸收光的过程，本质上就是光子的释放与捕获。

单个光子的能量和普朗克所设想的能量量子一样，其数值等于振动频率乘以普朗克常数。这种能量极其微弱，即使像蜡烛火焰这样微弱的光源，每秒钟也会释放出数万亿个光子。由此，神秘的普朗克常数的一个重要用途终于被揭示出来：用于表征单个光子的能量。要想计算红光、绿光或X射线光子的能量，只需将它们的振动频率与普朗克常数相乘即可。爱因斯坦提出的光由光子组成的理论，在当时极具颠覆性，与主流观点相悖，甚至被不少人视为荒谬之谈。

“光是波还是粒子”这一问题，长期以来一直是科学界热议的话题。由于光具有衍射、干涉等波动特有的现象，人们逐渐认为光具有波动性。19世纪，随着电磁学的发展，光被证实为电磁波，这让几乎所有人都坚信光就是波，仅有极少数人持不同看法。进入20世纪后，爱因斯坦大胆提出光其实是粒子的观点（这无疑是个极具颠覆性的想法，爱因斯坦依然是那个从不按常理出牌的世纪奇才）。

但这一观点引发了新的疑问：如果光是粒子，那么之前所有关于光是波的证据该怎么解释？光既然是粒子，为何能产生衍射、干涉等现象，又如何遵循波动方程进行振动？如今我们知道，光子、电子、其他基本粒子及原子等微观粒子，都具有波动性和粒子性的双重特征。甚至在特定条件下，原子和分子等较大物体也能展现出波的性质（不过，要通过实验验证这一点非常困难）。

不符合牛顿物理学的原子运动

包括光子、电子及其他基本粒子在内的所有微观粒子兼具波动性和粒子性，成为人类探索微观世界物理规律的重要线索，量子力学也由此诞生。

若要详尽阐述量子力学的成就，就需要梳理20世纪以来整个物理学的发展历程，从原子结构的解析，到量子化学对分子形态与反应的计算，从基本粒子物理学、固体物理学及其在半导体器件等领域的应用，到原子核物理与核能利用，再到激光光学……其成果之丰硕难以尽述。这里，我重点讨论量子力学早期的重要成果——原子结构的解析。需要说明的是，以下解释基于当下的认知，可能与当时的观点和研究顺序存在差异。

原子是构成万物的基本微粒。20世纪初，解析原子结构是当时研究者面临的重大课题。正如在第二章中所提到的那样，随着研究的深入，人们发现原子结构与经典物理学理论存在矛盾。原子由带正电荷的原子核和围绕它旋转的带负电荷的电子组成，看似简单的结构，其运动规律却出人意料。

依据经典物理学的认知，人们很容易联想到电子应像行星围绕太阳、人造卫星围绕地球那样，围绕原子核旋转（即使没有想到这一点也没关系）。然而，若将（经典物理学中的）电磁学理论应用到这个问题上，问题便显现出来：按照经典理论，这种结构无法稳定存在，电子会迅速掉进原子核，导致原子结构崩溃。因此，我们无法通过经典物理学来很好地解释原子为何能稳定存在。

此外，经典物理学预测原子核周围电子的轨道是连续分布的。具体而言，若某一电子轨道的能量值被定义为1，当电子能量出现细微变化时，按照经典理论，将会存在能量值为1.1、1.21、1.09等任意数值的轨道，即电子能量可以在一定范围内取任意值。这种连续的轨道模型，正是牛顿力学体系中对物体运动轨迹描述的经典体现。

然而，这一基于人造卫星运动规律所建立的预测模型，在应用于原子结构时却遭遇了困境。实际情况是，在能量为1的轨道旁边，紧邻的是能量为2的轨道，接着是能量为3的轨道，不存在能量为1.1、1.21或1.09的轨道。从数学角度来讲，电子的轨道并非连续不断，而是呈现出"离散"的特性。这一发现颠覆了人们以往的认知，清晰地表明适用于行星、人造卫星等宏观物体的运动规则，无法解释原子中电子的运动规律。

矩阵力学与波动力学相继诞生

在这样的背景下，德国物理学家沃纳·海森堡提出了全新的研究思路。当时在丹麦哥本哈根大学担任助手的他认为，不应将行星或（当时尚未出现的）人造卫星这类宏观物体的运动模型简单套用到原子等微观粒子上，否则会干扰对微观世界规律的理解。

海森堡主张只依靠观测值进行研究，如将原子发射的光子能量作为分析数据。基于这一原则，海森堡深入研究各种观测值之间的关系，最终发现可以用“矩阵”这一数学工具来描述这些关系。据说，他是在因花粉症于赫尔戈兰岛疗养期间获得这一突破的。

1925年，海森堡与马克斯·玻恩和帕斯夸尔·约尔丹联名发表了“矩阵力学”。这套矩阵力学能够对原子的性质做出预测，但它难以让人们直观想象原子的运作方式，并且在数学处理上也存在一定难度（不过相较于后续量子力学中更复杂的数学形式，矩阵力学的数学运算相对简单）。

几乎在同一时期，奥地利物理学家埃尔温·薛定谔从电子的波动性出发，提出了电子所遵循的“波动方程”，即著名的“薛定谔方程”。1926年，波动力学诞生，距离矩阵力学的问世仅仅过去7个月。与矩阵力学相比，波动力学中关于原子和电子的模型更直观易懂，而且薛定谔没有像海森堡那样严格遵守不依赖模型的原则。这让许多研究者和学生松了一口气，他们开始在笔记本上绘制电子环绕原子核旋转的图像。

尽管薛定谔的波动力学和海森堡的矩阵力学采用了不同的数学形式，但它们本质上描述的是相同的内容。如今的量子力学教材通常会融合两者的优势。现代的学生也会根据具体问题，灵活运用矩阵和波动方程来进行求解。

声波、地震波与引力波的波函数所表示的内容

薛定谔的波动方程到底是什么？它又揭示了电子怎样的性质？想要理解波动方程及其解——波函数，绝非易事（到目前为止，内容已经相当抽象，接下来会变得更加抽象）。在撰写这部分内容时，我心中也有些不安，担心大家是否能理解。

声音、光、地震、引力波等波动现象都可以用一种特殊的数学工具——“波函数”来表示。以声音为例，声音是空气振动的传播。当我们敲鼓时，鼓面的振动会引起周围气压的微小变化，并以波的形式向远处传播。例如，敲鼓0.01秒后，距离鼓3米远的气压会升高0.01个大气压，再过0.01秒，气压又会降低0.01个大气压。由此可见，气压会随着时间和空间位置的变化而变化。换句话说，气压是关于时间和空间位置的函数，这个函数就是声音的波函数，它能精确描述敲鼓后空气在不同时刻、不同位置的振动变化情况。

波函数是波动方程的解。与一些方程（如$x = 3$）得到的数值解不同，波动方程的解是函数形式。通常，一个波动方程可以有无数个解。就像敲鼓和弹吉他发出的声音不同，它们各自对应着不同的波函数。无论是钢琴、圆号等乐器的声音，还是歌声、自然声响、人工声响乃至噪声，每种声音都有其独特的波函数，且这些波函数都满足声波动方程。

具体而言，声音的波函数描述气压的变化，光的波函数表征电场和磁场随时间和空间变化的情况，是光波动方程的解。同样，地震的波函数反映地面的振动，是地震波动方程的解。引力波的波函数体现时空的弯曲，是引力波波动方程的解。可以说，所有波动现象都可以用波函数来表示，并且它们都遵循各自的波动方程。

电子波函数到底表示什么

到目前为止，我们已经做了这么多铺垫，核心问题来了：薛定谔发现的电子波函数，描述的究竟是何种波动？到底是什么在传播或振动？有意思的是，薛定谔在提出波动方程时，他自己也不清楚方程所描述的是哪种波动（这不禁让人联想到普朗克当年思考普朗克常数含义时的困惑——这些为量子力学奠基的科学家，都是在不断探索中逐渐揭示微观物理规律的本质的）。

马克斯·玻恩（矩阵力学的创造者之一）很快给出了答案。他提出的“概率解释”认为，电子波函数描述的是电子在空间中某位置出现的概率，具体来说，波函数（其绝对值的平方）表示电子出现的概率。波函数的值越大，表明电子在该位置出现的概率越高；反之，电子在该位置出现的概率越低。凭借这一开创性的理论贡献，玻恩于1954年荣获诺贝尔物理学奖（值得一提的是，众多为量子力学发展做出重要贡献的科学家，如海森堡、薛定谔、普朗克等都获得了诺贝尔奖，但约尔丹是个例外。据推测，约尔丹曾认同纳粹思想并加入冲锋队，这可能使他因违背诺贝尔奖的理念而无缘该奖项）。

玻恩的概率解释，让量子力学与传统物理学产生了本质区别。在量子力学中，人们通过概率来预测观测结果，这一观点极具颠覆性，许多科学家难以接受，爱因斯坦便是典型代表。可以说，每一位学习量子力学的人，都会受到这种思维方式的冲击。

综上所述，1925—1926年短短一两年间，量子力学的基本框架逐渐形成，为人类深入探索微观世界奠定了坚实基础。

波函数的概率解释

量子力学中有一个核心原理：微观物体的物理量只有通过测量才能知晓其结果。这一原理颠覆了人们对客观世界的传统认知，即使经过详细解释，仍会让人感到难以理解和困惑。如果你觉得这些内容如云雾般令人窒息，可以跳过这一节。

以声音为例，声音的波函数可以告诉我们室内不同位置的气压分布。当我们对某一位置的气压进行测量时，测量结果往往与波函数的预测值相符，这是比较容易理解的物理现象。而在微观世界中，电子波函数（其绝对值的平方）具有独特的意义，它表征的是电子在空间中出现的概率，即能告诉我们电子在室内各个位置存在的可能性（当然，波函数还包含其他信息，这里我们重点探讨概率这一特性）。

当我们在某个位置放置电子探测器进行测量时，只会得到两种结果："电子在这里"或"电子不在这里"。一旦得到"电子在这里"的结果，我们就确定了电子的位置，这便是测量带来的确定性（若得到

“电子不在这里”，就意味着电子在其他位置，我们也能据此推测出其位置）。

波函数的数值大小与电子出现概率紧密相关：在波函数（绝对值）较大的区域，电子被检测到的概率较高；而在波函数较小的区域，检测到电子的概率较低。需要强调的是，波函数值本身并非直接测量的结果。只有准备多个具有相同波函数的电子，并多次重复实验，我们才能通过统计逐渐得出在某个位置检测到电子的概率。而实验验证表明，这个概率与波函数绝对值的平方严格一致。

超过光速的“波函数的坍塌”

在声波的情形中，测量气压并不会改变声波的波函数，这符合我们的日常认知。然而，电子的情况截然不同：在量子力学中，对电子位置的测量会直接改变其波函数，这一现象被称为“波函数的坍塌”（图4-1）。

测量前，电子波函数可能以波动形态在整个房间

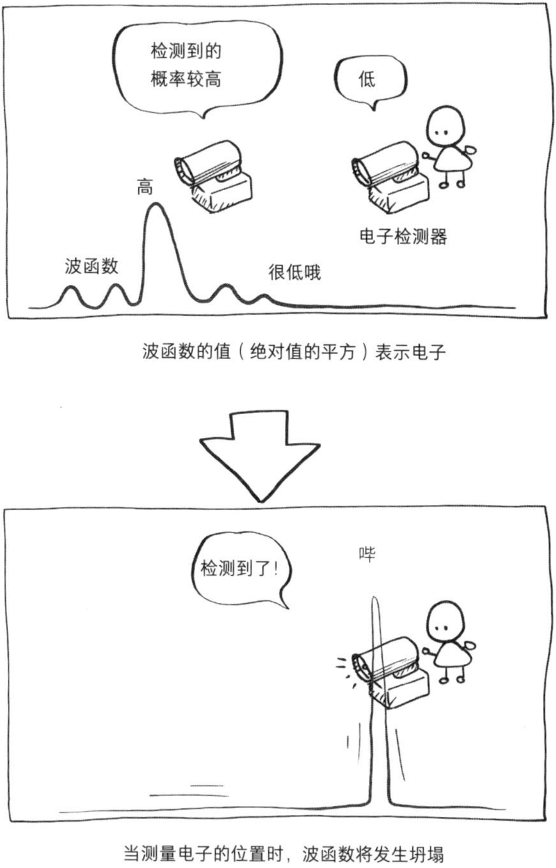
检测到的
概率较高
低
高
电子检测器
波函数
很低哦
波函数的值（绝对值的平方）表示电子
检测到了！
哔
当测量电子的位置时，波函数将发生坍塌

图 4-1 电子波函数。

中延展，但当某个位置的探测器捕捉到电子的瞬间，波函数会立刻发生变化，从弥散状态“坍塌”为仅在该位置具有高概率的形式。

波函数坍塌是量子力学独有的现象，超出了经典物理学的范畴。设想一个尺度达数光年的巨大空间，一旦在其中某个位置检测到电子，原本延展的波函数会瞬间“坍塌”至此，这种“坍塌”的速度远超光速。

观测问题的一种解释

若将波函数视为类似气压、电磁场那样的物质属性，波函数坍塌的现象将难以理解。“波函数为何在观测时会坍塌？”这一问题，从量子力学诞生以来一直是学术讨论的焦点，被称为“观测问题”。虽然至今尚未完全解决，但有一种解释逐渐获得认可，即“将波将函数看作观测者的认知”。

具体来说，当电子位置完全未知时，波函数呈现弥散状态，而当探测器检测到电子，观测者获得电子在某位置存在的认知，波函数便通过在该位置的“收缩”体现这种认知变化。也就是说，波函数的收缩本质上发生在观测者的认知层面，而不是某个物理量以超光速传递。越来越多的学者倾向于这种观点。这种解读或许会逐渐成为主流，并最终成为量子力学的标准理论。

普朗克常数代表了这个世界的根本不确定性

普朗克常数在量子力学中有诸多重要应用，其中之一是揭示世界的根本不确定性。量子力学认为，微观物体的位置、能量、动量等物理量的测量结果具有概率性。所以，测量时，可能得到较大的测量值，也可能得到较小的测量值，测量结果会分布在一定范围内。这个范围就是“不确定性”。

微观物体的状态不同，不确定性也会不同。例如，测量室内某一微观物体的位置，若预测其出现在离墙壁5~6厘米的位置，那么位置的不确定性就是1厘米。若预测范围扩大到5~6米，那么物体位置的不确定性就是1米。另外，还有一种特殊情况，即测量结果总是固定的，倘若我们每次测量都发现物体处于5.25厘米的位置，在这种情况下，不确定性为零。

不仅仅是微观物体，在对宏观物体进行测量时也会出现误差，而且很常见，如当我们使用不稳定的测量设备，或者用目测的方式读取刻度时，得到的结果可能会有差异。但这与量子力学的不确定性有着本质区别。宏观误差可通过改进设备和方法来减小，而量子力学中的不确定性由微观物体的本质状态决定，无法通过优化测量手段消除。

海森堡的不确定性原理

微观物体的不确定性与日常概念不同，尤其体现在对两个物理量同时测量时。以位置和动量（物体的质量和速度的乘积被称为“动量”，用来表示物体的“运动量”）为例，实验表明两者的不确定性无法同时极小化。当我们通过调整物体的状态来减小其中一个物理量的不确定性时，另一个量的不确定性就会相应增大。

再举一个具体的例子（尽管还是相当抽象）：用光照射室内飘浮的微小粒子，并通过捕捉反射光来测量粒子的位置（假定动量已事先测量）。如果我们能精确地测量粒子的位置，似乎就能知道粒子的动量。

然而，光由光子组成，且每个光子都具有动量。如果我们用强光照射粒子，也就是用大量的光子照射粒子，光子与粒子的碰撞就会改变粒子的动量。为了尽量减少这种影响，我们选择使用一个动量较小的光子，轻轻地照射粒子。这样做的结果是，粒子的动量将会产生与光子动量相当的不确定性（有些人可能会认为，通过测量反射回来的光子的动量，我们能够推算出粒子的动量。但当我们测量反射回光子的动量时，另一个问题就出现了：我们无法同时精确地测量光子的“位置”和“动量”，所以这个实验的结论不会改变）。

如果我们测量反射光子的位置，就能得知粒子的位置。光子既是波又是粒子，并且具有波长。根据波的性质，波的“位置”不可能精确到比波长（波峰到波谷的距离）更细的尺度。因此，粒子的位置只能以波长的精度来测量。最终，粒子的位置和动量测量结果的不确定性来自光子波长和动量的限制，这种不确定性无法再进一步缩小。

无论采用何种实验手段，量子力学的原理都表明，微观物体的“位置”和“动量”不能同时被精确测定。这个结论用数学表达式可以写成：“位置的不确定性与动量的不确定性的乘积无法小于普朗克常数h。”这就是著名的海森堡不确定性原理，由海森堡（显而易见）在1927年提出（需要指出的一点是，部分物理量组合的不确定性可同时减小，如动量和动能）。

需要补充的是，不确定性的下限是普朗克常数除以 4π，这个差异非常小，所以我们通常可以忽略不计。无论使用哪个值，这个下限都是极其微小的。

这个世界的像素大小就是普朗克常数

在日常生活中，“不确定性”和“波动”这类概念常常被人忽视，例如，政党支持率的起伏、新型病毒感染者比例的变化、考试合格率的浮动等，这些数据的波动本质上都体现了不确定性（值得注意的是，如果我们更加关注这些不确定性、波动或误差，有时会发现媒体标题所传达的信息与真实情况存在差异，这一现象值得深入思考）。

量子力学之所以让人感到难以理解，部分原因可能在于它总是在讨论诸如“不确定性”这类看似无关紧要的概念。其中，“不确定性原理”是量子力学的一个重要原理，它指出某些精细的物理量无法被精确测定。听到这里，我们或许忍不住会问：“这意味着什么？”

实际上，不确定性原理揭示了世界微观层面的本质特性，它就像是在描述这个世界的“像素”或“分辨率”。以显示器上的图像为例，肉眼看去，图像平滑细腻、细节丰富，但借助放大镜仔细观察就会发现，图像是由一个个微小的像素块组成的，小于像素的结构无法被显示出来。现实世界同样如此，尽管在宏观上看起来平滑且连续，但在微观尺度下，它也由类似“像素”的基本单元构成。而普朗克常数h，正是这些微观“像素”的度量尺度，任何测量设备都无法突破这一精度限制去探测更小的结构。

角动量是“离散的”

普朗克常数和量子力学一直挑战着人类的认知极限（尽管如此，人类凭借非凡的智慧，依然逐步掌握了这门高深的学科）。在量子力学的学习过程中，“自旋”是初学者最早接触却又最难以理解的概念之一，以其难捉摸和违背常理的特性，给初学者带来了巨大冲击。

无论是教材还是老师，在解释自旋时总是颇感棘手：“类似自转……但又并非传统意义上的自转”“是顺时针还是逆时针……但它实际上并未旋转”“它在z方向上的状态，其在x方向上的状态就会变得更加不确定”……这些看似矛盾的表述，让自旋显得格外晦涩难懂。

然而，自旋是量子力学的核心基础概念，在量子计算、量子通信等前沿科技领域发挥着关键作用。如果能灵活操控自旋，我们就有望实现当下热门的“量子计算机”。

自旋的奥秘远超人类的想象，其涉及的逻辑和信息与传统认知大相径庭。在宏观力学中，我们用“角动量”来衡量旋转物体的“运动量”，它与物体的旋转速度、质量成正比，符合我们的日常直觉。

有趣的是，角动量的单位“J · s”（焦耳乘秒）与普朗克常数的单位完全相同。因此，角动量的大小可以用“普朗克常数的倍数”来表示。这种单位上的一致并非巧合，背后蕴含着深刻的物理内涵，值得深入探究。

由于普朗克常数的数值极其微小，若用它来度量日常物体的角动量，得到的数值会大得惊人。例如，当人跳舞时轻微转动，其角动量可能达到普朗克常数的 10^{34} 倍，而当物体非常小时，角动量则相应变小，远远低于 10^{34} 倍普朗克常数这样的巨大数值。而对于分子、原子等微观物体，它们的角动量数值则小得多，更适合用量子力学的理论进行研究。

实验结果表明，角动量并非像宏观世界中那样连续变化，而是呈现出“离散”的特性：物体的角动量（在某个方向上的分量）只能是普朗克常数（实际为普朗克常数除以4π，为简化表述通常省略这一细节）的整数倍。也就是说，角动量的取值可以是0倍、1倍、2倍、3倍等，但绝不可能是0.5倍、1.1倍或3.14倍这样的非整数倍。

当物体的角动量发生变化时，其增减的最小单位就是普朗克常数，这一特性已通过大量实验得到验证，是量子力学中的重要客观事实。

超越想象的“自旋”概念

在探索微观世界时，初学者常常对角动量的奇特表现感到困惑，而电子等单个粒子的角动量现象更是颠覆认知。

在宏观世界中，物体（如人体）可以通过旋转、跳跃或自身转动获得角动量。基于这种认知，人们可能会想当然地认为，电子也是通过类似方式获得角动量的。然而，电子的“自转”与宏观物体的角动量有着本质区别。

电子的“自转”具有独特的性质：它永不停歇，不会因为任何原因加速或减速。无论何时测量，其角动量大小始终固定，且数值为普朗克常数的特定倍数。与宏观物体不同的是，电子“自转”的方向可以发生变化。每次测量电子的角动量时，结果只有两种可能：要么是顺时针方向（右旋），角动量大小等于普朗克常数的特定倍数；要么是逆时针方向（左旋），角动量大小同样是普朗克常数的特定倍数（图4-2）。

鉴于电子的这种“自转”性质与宏观物体自转截然不同，科学家特意用“自旋”（Spin）这一术语来描述，以作区分（当然，英语母语者可能会觉得奇怪，因为“spin”本身就有自转之意）。实际上，不仅电子，许多微观粒子，如质子、中子、光子等都具有自旋属性，且不同粒子的自旋强度存在差异。例如，质子和中子的自旋强度与电子相同，而光子的自旋强度则是它们的2倍。

无论哪种微观粒子，它们的自旋都遵循固定规

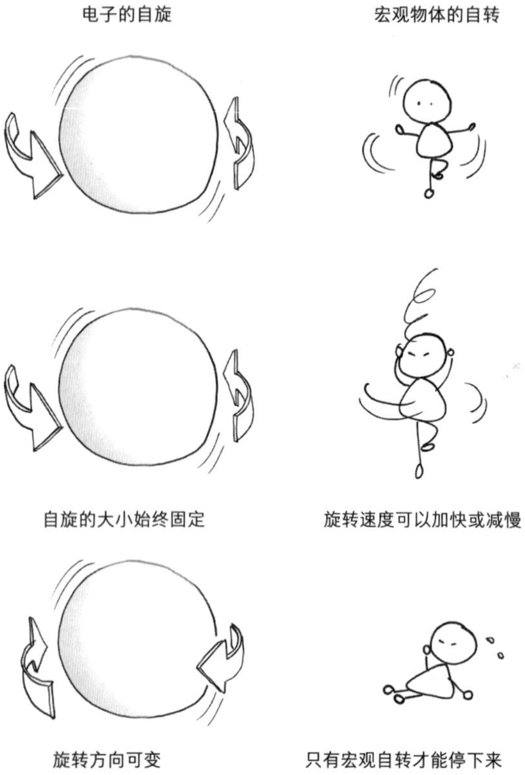
电子的自旋
宏观物体的自转
自旋的大小始终固定
旋转速度可以加快或减慢
旋转方向可变
只有宏观自转才能停下来

图 4-2 电子的“自旋”。

律：既不会停止，也不会变快或变慢，自旋方向虽然可变，但每次测量时其强度保持恒定。从信息的角度来看，电子自旋测量结果的“非左即右”特性，引发了深刻的思考——自旋是否代表了物理世界中信息的最小单位？或许世界的最小信息单元，就与普朗克常数紧密相关。

经典比特与量子比特

在量子力学的研究范畴中，信息是极为重要的研究对象。这是因为量子力学本质上围绕测量和观测展开，而测量和观测的过程，就是从研究对象那里获取信息的过程。根据日常宏观世界中的常识（非量子力学范畴），信息的最小单位是比特（bit）。在物理学领域，非量子的概念通常对应“经典”，因此也可将其称为经典比特，不过这种表述在实际应用中并不常见。

简单来说，当对某个问题只能回答“是”或“否”时，这个回答所承载的信息量即为1个比特。

同理，1比特的信息量还可以用“yes”或“no”，或者二进制的“0”与“1”来表示。虽然一次“是”或“否”的回答传递的信息量有限，但通过多次重复，就能累积起相当可观的信息量。

为了便于理解，我们以警方侦破谋杀案为例。假设警方正在调查一起谋杀案，希望只通过“是”或“否”回答问题的目击者证词锁定凶手（虽然这样的证人设定有点过于极端，但相比某些推理小说中的设定，已经算正常了）。

侦探可以通过下面这些“是”或“否”的问题来缩小嫌疑范围：

——“凶手是男性吗？”

——“他是否超过30岁？”

——“他是印度人、美国人、印度尼西亚人、巴基斯坦人还是尼日利亚人呢？”

若每次提问都能将嫌疑人数量缩减一半，那么证人的回答就能持续缩小范围。假设最初全球80亿人都是潜在嫌疑人，每回答一次“是/否”提问，嫌疑人数就减半。经过33次这样的提问，便能精准锁定

存在物理常数不同的宇宙吗

正如在探讨e的章节中提到的那样，某些新奇的理论认为，或许存在着与我们所处宇宙物理常数截然不同的其他宇宙。我们的宇宙诞生于138亿年前的大爆炸，在光速c、引力常数G、电子电荷量e和普朗克常数h等物理常识的共同作用下，逐渐演化成如今的模样。至于大爆炸为何会发生，目前尚无定论，不过相关假说层出不穷，为我们理解宇宙起源提供了多元视角。

有一种假说认为，我们的宇宙可能是从某个“父宇宙”分裂而来，类似的“子宇宙”可能存在无数个。更为大胆的猜想是，每个子宇宙都拥有独特的物理常数。由于这些物理常数不同的宇宙彼此相互不干扰，也无法进行交流，人类目前的技术无法对其进行直接观察。这种无法通过实验或观测验证的理论，虽然在科学范畴的界定上存在争议，但其新奇的构想极具吸引力，激发着科学家与爱好者的无限遐想。

在本书中，我们通过假设光速c、引力常数G、电子电荷量e和普朗克常数h等数值发生变化，探讨了可能出现的奇妙现象，旨在帮助读者直观感受这些常数对宇宙运行规律的深刻影响。若这些关于多元宇宙的理论成立，那么书中所设想的奇异宇宙或许真实存在于广袤的时空之中。不过，目前科学界对这一观点尚未达成共识，研究者们各执一词。

在物理常数不同的宇宙中，基本粒子的电荷、色荷、质量、中微子及混合角等属性都可能与我们的宇宙大相径庭。也就是说，在其他可能存在的宇宙里，电子电荷量e或许并非我们认知中的数值。值得注意的是，引力常数G和普朗克常数h在宇宙形成过程中扮演着关键角色，它们的数值变化甚至可能改变“子宇宙”从“父宇宙”中诞生的机制，使相关理论变得更为复杂。因此，也有观点认为，光速c、引力常数G和普朗克常数h在所有宇宙中或许是恒定不变的，但这一论断目前仍缺乏确凿证据，有待进一步探索。

不妨大胆想象：如果其他宇宙中诞生了智慧生命，它们或许也会像人类一样，对光速c、引力常数G、电子电荷量e和普朗克常数h展开深入研究，并得出这些常数是构建宇宙基石的结论。在不同物理常数的影响下，这些生命的生存、发展与文明演进，或许也会充满意想不到的故事与独特的魅力。

探索物理常数如何塑造宇宙的面貌，以及生命在其中的活动与发展，是一场充满惊喜与乐趣的科学之旅。感谢大家的一路相伴，期待在下本书或其他场合与大家再会！

2022年7月

小谷太郎